Les oiseaux explorateurs

Textes et photos : Jean Léveillé
Conception de la maquette : Ann-Sophie Caouette
Conception graphique et mise en page : Christine Hébert
Traitement des images : Mélanie Sabourin
Révision : Céline Sinclair
Correction : Anne-Marie Théorêt

Photo de la page couverture : phaéton à brin rouge.

Certaines photographies publiées dans ce livre sont déjà parues dans *L'actualité médicale.*

Catalogage avant publication de Bibliothèque et Archives Canada

Léveillé, Jean

Les oiseaux explorateurs

Comprend un index.

ISBN 978-2-7619-2571-6

1. Oiseaux - Migration. 2. Oiseaux - Ouvrages illustrés. I. Titre.

QL698.9.L48 2009 598.156'8 C2009-940263-7

Pour en savoir davantage sur nos publications,
visitez notre site : www.edhomme.com
Autres sites à visiter : www.edjour.com
www.edtypo.com • www.edvlb.com
www.edhexagone.com • www.edutilis.com

03-09

Dépôt légal : 2009
Bibliothèque et Archives nationales du Québec

ISBN 978-2-7619-2571-6

DISTRIBUTEURS EXCLUSIFS :

- Pour le Canada et les États-Unis :
  MESSAGERIES ADP*
  2315, rue de la Province
  Longueuil, Québec J4G 1G4
  Tél. : (450) 640-1237
  Télécopieur : (450) 674-6237
  * une filiale du Groupe Sogides inc.,
  filiale du Groupe Livre Quebecor Media inc.

- Pour la France et les autres pays :
  INTERFORUM editis
  Immeuble Paryseine, 3, Allée de la Seine
  94854 Ivry CEDEX
  Tél. : 33 (0) 4 49 59 11 56/91
  Télécopieur : 33 (0) 1 49 59 11 96
  Service commandes France Métropolitaine
  Tél. : 33 (0) 2 38 32 71 00
  Télécopieur : 33 (0) 2 38 32 71 28
  Internet : www.interforum.fr
  Service commandes Export – DOM-TOM
  Télécopieur : 33 (0) 2 38 32 78 86
  Internet : www.interforum.fr
  Courriel : cdes-export@interforum.fr

- Pour la Suisse :
  INTERFORUM editis SUISSE
  Case postale 69 – CH 1701 Fribourg – Suisse
  Tél. : 41 (0) 26 460 80 60
  Télécopieur : 41 (0) 26 460 80 68
  Internet : www.interforumsuisse.ch
  Courriel : office@interforumsuisse.ch
  Distributeur : OLF S.A.
  ZI. 3, Corminboeuf
  Case postale 1061 – CH 1701 Fribourg – Suisse
  Commandes : Tél. : 41 (0) 26 467 53 33
  Télécopieur : 41 (0) 26 467 54 66
  Internet : www.olf.ch
  Courriel : information@olf.ch

- Pour la Belgique et le Luxembourg :
  INTERFORUM editis BENELUX S.A.
  Boulevard de l'Europe 117, B-1301 Wavre – Belgique
  Tél. : 32 (0) 10 42 03 20
  Télécopieur : 32 (0) 10 41 20 24
  Internet : www.interforum.be
  Courriel : info@interforum.be

Gouvernement du Québec – Programme de crédit d'impôt pour l'édition de livres – Gestion SODEC – www.sodec.gouv.qc.ca

L'Éditeur bénéficie du soutien de la Société de développement des entreprises culturelles du Québec pour son programme d'édition.

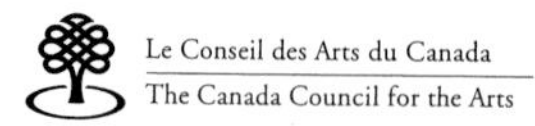

Nous remercions le Conseil des Arts du Canada de l'aide accordée à notre programme de publication.

Nous reconnaissons l'aide financière du gouvernement du Canada par l'entremise du Programme d'aide au développement de l'industrie de l'édition (PADIÉ) pour nos activités d'édition.

Les oiseaux explorateurs

Jean Léveillé

La terre ne nous appartient pas,
ce sont nos enfants qui nous la prêtent.

Chef amérindien

À mes petits-fils, Julien et Matis,

Pour qu'ils partagent ce précieux héritage de la vie sur terre

préface

Le terme astronaute vient du grec *ástron*, qui signifie «étoile», et *nautes*, qui signifie «navigateur»; littéralement, un explorateur de l'espace. Bien sûr, tout le monde sait très bien que l'espace tel qu'on le conçoit de nos jours se trouve à l'extérieur de l'atmosphère de la Terre. Rien à voir, me direz-vous, avec ce qui se passe dans l'air, plus bas, et encore moins si la discussion porte sur la biodiversité *ailée* de l'écosystème terrestre. Alors qu'est-ce qu'un astronaute peut bien venir faire dans des affaires ornithologiques ?

Photo : © Agence spatiale canadienne

Lorsque le Dr Jean Léveillé m'a proposé d'écrire une préface pour son prochain livre sur les oiseaux, je me suis demandé ce que je pourrais bien apporter à ce sujet fascinant, moi qui suis loin d'être une experte dans le domaine. Toutefois, quand l'auteur a judicieusement précisé que son livre traitait des oiseaux «explorateurs», je me suis dit qu'après tout ce n'était pas une si mauvaise idée. Les «grands espaces» ne sont-ils pas un terrain de jeux commun aux oiseaux et aux astronautes ? Et puis, de l'espace, on ne voit pas de frontières. Clairement, l'oiseau n'en connaît pas non plus.

Ah ! Ce ciel ! Ce qui se passe au-dessus de nos têtes nous intrigue et nous fascine depuis la nuit des temps. Au cours des quelques derniers millénaires, nous avons scruté sans relâche la voûte céleste, nous efforçant tant bien que mal de comprendre ce qui pouvait bien se passer là-haut tout en rêvant un jour d'aller nous y promener. Pendant ce temps – et bien avant que l'*Homo sapiens* arrive sur Terre –, l'oiseau ainsi que ses multiples prédécesseurs et dérivés y œuvraient allègrement, peuplant ses espaces, défiant la gravité et explorant son immensité. Certes, nous avons récemment réussi à inventer des machines qui nous permettent de voler dans l'air (depuis seulement 100 ans à peine !) et encore plus récemment dans l'espace, mais il nous reste encore beaucoup à apprendre.

Voilà pourquoi je vous invite à savourer l'aviation par l'entremise des infatigables explorateurs des grands espaces troposphériques que sont les oiseaux. Vous constaterez que leur perspective est unique et, comme dans les livres précédents de Jean Léveillé, vous serez étonné par leur ingéniosité, leur résilience et par certains de leurs comportements qui ressemblent étrangement aux nôtres.

Vous trouverez dans cet ouvrage des textes et des photos remarquables glanés au cours des multiples voyages de ce médecin spécialisé en médecine nucléaire qui s'intéresse non seulement à la santé des humains, mais également à la diversité de la vie sur Terre. Pour notre édification et notre plus grand plaisir, accompagné de sa précieuse collaboratrice et compagne, Denise, Jean Léveillé a encore une fois sillonné les quatre coins de notre planète à la poursuite de ses amis emplumés.

C'est qu'ils sont chanceux, les oiseaux, de voir tout ça de haut. Je peux m'en porter garante. Vue de l'espace, la Terre est absolument magnifique avec sa myriade de bleus et de blancs, ses océans et ses continents. Elle nous apparaît telle une bille de marbre sur fond d'infini. C'est le vaisseau spatial d'une incroyable panoplie d'espèces animales et végétales. Le seul endroit que nous connaissions pour l'instant où la vie est possible. De là-haut, la Terre nous révèle à la fois sa force et sa fragilité, et on ne peut s'empêcher de vouloir mieux la comprendre pour la protéger.

Au moment du lancement de ce livre, j'aurai une fois de plus le privilège de contempler la planète bleue depuis l'espace. De ma navette spatiale, observatoire exceptionnel, je saluerai tous les lecteurs et lectrices que la vie fascine...

Per aspera ad astra (Malgré l'adversité jusqu'aux étoiles).

Julie Payette
Astronaute

INTRODUCTION

LES OISEAUX, CES GRANDS VOYAGEURS

Qu'ils se nomment Cook, Magellan, Marco Polo, Christophe Colomb ou Jacques Cartier, les grands explorateurs qui ont marqué l'histoire ont mentionné dans leurs récits la joie, voire l'émerveillement que manifestait leur équipage en apercevant un oiseau nouveau ou en suivant celui qui allait les guider vers une terre inconnue.

Bien avant l'apparition des êtres humains sur Terre, ces poids plume avaient appris à maîtriser l'air, ses plaisirs et ses caprices. Bien avant que l'homme soit capable d'adopter la station debout, ils avaient propagé la vie à travers les mers et les continents, contribuant à l'étonnante diversité qui rend notre planète bleue si belle et si unique. Ce sont des voyageurs exceptionnels qui parcourent des distances souvent considérables pour nous annoncer le début d'une saison ou nous signifier la fin d'une autre. Que serait le printemps sans leur arrivée ? Que serait l'automne sans les majestueuses partances des oies des neiges, sans les au revoir langoureux des plongeons huards, sans le dernier chant flûté du merle qui a enchanté notre été ?

Où vont-ils et que font-ils au juste, durant leurs longs épisodes d'absence ? Pour le savoir, Denise et moi avons décidé de les suivre. Parfois, leurs longs périples d'errance nous ont étonnés, leur vie

nouvelle, loin de notre contrée, nous a émerveillés. Des guides exceptionnels, issus de peuples qui sont demeurés près de la nature, ont accepté de partager leurs secrets, de nous instruire de leur savoir. Des travailleurs de l'industrie minière nous ont rappelé à quel point il était important pour leurs grands-parents d'écouter la voix du petit canari qui les accompagnait toujours dans les profondeurs de la terre. La moindre défaillance de son chant les prévenait du danger.

Plus récemment, les oiseaux, ces messagers de la vie, nous ont de nouveau signalé un danger qui allait bientôt nous menacer. Nos pesticides ont envahi les coquilles de leurs œufs et ont mis en péril la survie de leurs petits. Depuis, nous avons banni un grand nombre de ces agents nocifs. Il n'en demeure pas moins que nous nous devons de considérer cette alerte comme une nouvelle invitation à leur prêter un peu plus d'attention.

Que ce soit aux Galápagos ou sur les routes de la soie, de l'encens ou du caoutchouc, nous avons vécu des moments de grâce et d'admiration comme ceux que les aventuriers d'autrefois ont très certainement vécus. Dans ce livre, je souhaite maintenant partager quelques-uns de ces moments avec vous.

L'albatros des Galápagos

MÊME LES GOLFEURS EN RÊVENT

Tous les grands marins, tous les explorateurs solitaires de toutes les époques ont, un jour ou l'autre, croisé l'albatros, cet incroyable pèlerin des mers, un oiseau costaud et lourd aux ailes immenses qui lui assurent une vie d'errance presque ininterrompue au-dessus des océans. Outre des légendes et des croyances de toutes sortes, il y a des exploits sportifs qui s'en inspirent. Ainsi, par exemple, plusieurs de mes amis golfeurs ont déjà réussi des coups aussi difficiles que le trou d'un coup, le *birdie* (l'oiselet) ou l'*eagle* (l'aigle), comme nous les appelons dans notre jargon de sportifs, et ils en sont habituellement très fiers. Mais combien, même chez les grands champions, peuvent se vanter de compter un albatros à leur palmarès ? Cet exploit rarissime, aussi extraordinaire que l'oiseau à qui il doit son nom, assure au joueur trois coups sous la normale au cours d'un même trou. Par conséquent, le golfeur qui effectue une normale cinq en deux coups non seulement réussit un albatros, mais fait assurément la manchette.

Ce n'est certainement pas pour rien si ce nom caractérise l'exceptionnel, car les exploits de cet oiseau que les Portugais appellent *alcatraz* sont innombrables et pratiquement insurpassables. Récemment, de minuscules émetteurs radio camouflés sous les plumes de quelques représentants de ce géant des airs ont permis de lever un peu le voile sur ses plus grands accomplissements. Cependant, on savait déjà que, doté d'un incroyable sens de la navigation et d'une capacité d'exploitation maximale des courants aériens, ce puissant voltigeur peut se laisser porter sur des milliers de kilomètres en pleine mer sans que les humains y trouvent le moindre repère. De plus, autre fait remarquable, jamais il ne s'épuise. Pour ménager ses forces, la nature a pourvu ses épaules d'un tendon bloqueur qui maintient chaque aile déployée, lui évitant de battre des ailes.

UN LONG APPRENTISSAGE AVANT DE DEVENIR UN FIN STRATÈGE

Doit-il se déplacer vers le sud ? Il suit alors les courants aériens en traçant d'immenses boucles dans le sens des aiguilles d'une montre. Se dirige-t-il vers le nord ? Il lui suffit alors de décrire

des cercles dans le sens inverse. Au dire des experts, un jeune albatros mettrait plus de 10 ans avant de maîtriser les secrets du vol et de détecter adéquatement les hésitations souvent capricieuses des vents. Et encore là, tout au long de leur vie, même les adultes profitent de chacune de leurs expériences nouvelles pour perfectionner leur maîtrise de l'air. Certains imprudents – surtout des adolescents aventuriers, racontent de vieux marins – se laissent parfois entraîner vers des zones de convergence, là où les vents contraires neutralisent leurs voltiges et les obligent à de longs et pénibles arrêts sur l'eau, un peu comme autrefois les équipages des trois-mâts se retrouvaient parfois immobilisés pendant de longs jours, voire de longues semaines, sur une mer d'huile.

Pour décoller de nouveau, l'albatros doit littéralement enjamber les flots au pas de course en espérant que de puissants vents finiront par l'emporter. Grand adepte des vols planés, il s'amuse à surfer longtemps au ras des vagues. Une fois bien aguerri, l'albatros d'expérience peut affronter les pires tempêtes sans trop en subir de conséquences.

LA VIE AMOUREUSE DES ALBATROS

À tous les deux ans ou presque, les couples, que seules la mort ou l'infertilité peuvent séparer, regagnent leur terre natale pour la longue période de reproduction. Les îles isolées, à l'abri des prédateurs et toujours soumises à de puissants vents pour un décollage plus aisé, obtiennent leur préférence. Les préliminaires amoureux sont habituellement raffinés et complexes. Les partenaires resserrent d'abord leurs liens en se toilettant mutuellement, puis ils se livrent à plusieurs élévations et entrecroi-

sements de leurs becs, un rituel accompagné de mordillements. Au bout d'une vingtaine de minutes, leur parade s'achève sur des cris de joie et de nouvelles salutations. Au loin, mon 800 millimètres mitraille des scènes touchantes au cours desquelles les plus jeunes tentent d'imiter maladroitement les aînés, dont le rythme de plus en plus harmonieux trahit l'expérience, sinon l'âge.

Les amants n'auront qu'un seul rejeton, dont ils prendront le plus grand soin. Les deux parents partagent une des plus longues couvaisons dans le monde des oiseaux : 80 jours ou même plus, selon les sous-espèces. L'éloignement des ressources maritimes comme les calmars ou les poissons peut amener le mâle et la femelle à parcourir plus de 150 000 kilomètres chacun durant les 8 à 10 mois que dure l'alimentation de leur unique chérubin.

Finalement, le petit quitte à son tour l'île de toutes les attentions pour entamer seul, pendant 6 à 10 ans, la longue et complexe errance océanique au cours de laquelle s'accomplira sa propre maturation sexuelle. Au terme de son périple, l'appel de l'amour le ramènera vers ces lieux où la communauté des albatros achèvera de consacrer enfin son statut d'adulte.

Caractéristiques

Albatros des Galápagos : *Diomedea irrorata* • *Waved Albatross.* Dessus du corps brun, dessous brun grisâtre; tête blanche teintée de jaune; gros bec jaune, œil noir. **Distribution :** les îles Galápagos. *Pages 16, 17 (à droite), 18 (juvénile), 19 (à gauche) et 21.*

Crabe rouge des Galápagos. *Page 17 (à gauche).*
Galápagos. *Page 19 (à droite).*

UNE PARADE AMOUREUSE QUI S'ACHÈVE SUR DES CRIS DE JOIE.

Un petit gourmet aux couleurs particulièrement contrastées a beaucoup exploré les Amériques. Il était à la recherche de fleurs exotiques aptes à satisfaire son goût irrésistible pour les sucreries. Sa prédilection pour ce type de friandises était si puissante qu'elle lui a collé aux plumes et a fini par caractériser son identité : c'est ainsi qu'il est devenu un « sucrier ». L'appellation a été approuvée par les autorités et, de nos jours, plus personne n'en conteste l'exclusivité. Pour les plus exigeants de ces *Bananaquits,* comme les appellent nos concitoyens de langue anglaise, les meilleurs nectars se trouvent à proximité de l'un des paradis sur terre, dans les îles des Caraïbes. Oh ! bien sûr, beaucoup de membres de la famille jettent leur dévolu sur d'autres royaumes qui cachent les mêmes douceurs, que ce soit en Amérique centrale, en Amérique du Sud ou dans quelques États ensoleillés du sud des États-Unis. Il n'en reste pas moins qu'une énigme subsiste, assez curieusement : pourquoi les fleurs de Cuba ne suscitent-elles aucun intérêt de la part du sucrier qui, même de nos jours, est absent de cette île ?

MALHABILE, MAIS PLUTÔT OBSTINÉ

Notre guide poursuit ses explications en mentionnant qu'à l'encontre des autres grappilleurs de nectar le *Coereba flaveola,* de son véritable nom scientifique, refuse obstinément de visiter l'intérieur des généreuses corolles. Par cette approche directe, le colibri rassasié se couvre de pollen et, un petit service en attirant un autre, il favorise la reproduction de son hôtesse. La technique est délicate et exige un vol stationnaire comme celui que le colibri exécute si magistralement, mais, malgré des efforts louables, le sucrier ne parvient toujours pas à l'imiter.

Plusieurs raisons peuvent expliquer cet échec. Le bec est trop court, bien que particulièrement pointu et tranchant; les ailes n'ont pas la résistance voulue; le corps n'a pas un gabarit favorisant le vol sur place. Mais au cours de son évolution, le petit débrouillard a appris à s'en tirer plutôt bien. Solidement agrippé à une tige, tête en bas, le minuscule acrobate pourfend de sa dague la base de la fleur. Ne lui reste plus ensuite qu'à se gaver de la délicieuse boisson qui s'écoule. Bien souvent trempé jusqu'aux os par cette mixture collante, il s'envole immédiatement vers une feuille-cuvette de broméliacée qui depuis la dernière pluie lui réserve un rafraîchissant et revigorant bain tiède. Et la baignade est spectaculaire.

Attirés par les touristes, quelques sucriers poussent l'audace jusqu'à fréquenter les terrasses pour se sucrer le bec à même les délices d'une salade de fruits. Sucre raffiné, sucre brut, sirop : tout semble parfaitement leur convenir.

AMATEUR DE SIESTE
ET D'AUTONOMIE, LE COUPLE...

Le petit sucrier à ventre jaune s'est également bien adapté aux us et coutumes de ces îles où le rythme de la vie est dicté par le climat doucereux des tropiques. Ce colonisateur de l'Amérique centrale et de l'Amérique du Sud, dont les nombreux descendants ont acquis des traits de caractère et des particularités physiques locales souvent distinctives et originales, apprécie l'instant béni de la sieste. De tempérament plutôt indépendant, les couples favorisent une certaine autonomie et les siestes célibataires. Bien sûr, en temps et lieu, il faut assurer la survie de l'espèce et se reproduire, mais chacun des partenaires tient à aménager son propre petit loft. Ainsi, en plus d'ériger le refuge familial, mâle et femelle construisent leur propre nid qu'ils garnissent de matériaux douillets : papiers fins, fils d'araignée, plumes d'espèces voisines ou menus débris dérobés aux êtres humains. Chacun protège farouchement sa possession, son douillet refuge de célibataire qu'il utilise pour le repos, la tranquillité, le *farniente* tout au long de l'année. Qui a osé prétendre que la race humaine a tout inventé ?

DES MOMENTS TENDRES

Bien sûr les moments tendres sont plus agréables à deux. Ainsi les sucriers amoureux organisent-ils des bals où les voltiges succèdent aux salutations avant que l'extase passionnée finisse par déposer deux ou trois jolis œufs à coquille blanche au logis familial. Des œufs qui deviendront bientôt à leur tour de petits sucriers à ventre jaune avides de goûter les mille et une gâteries que leur réservent les jolies fleurs des îles proches du paradis... et peut-être, à l'occasion, celles qu'ils pourront trouver sur les tables de quelques vacanciers assoupis...

CARACTÉRISTIQUES

SUCRIER À VENTRE JAUNE : *Coereba flaveola* • *Bananaquit.* Petit oiseau trapu ; dos brun, ventre jaune, gorge grise ; tête noire, bec effilé et incurvé vers le bas, bande blanche transversale allant du bec à la nuque. DISTRIBUTION : sud du Mexique, Antilles, nord de l'Argentine au sud du Brésil.

Guadeloupe. *Page 23.*

L'avocette d'Amérique

UN CURIEUX BEC RECOURBÉ A FACILITÉ SON CHEMINEMENT À TRAVERS LES ÂGES

Depuis qu'elles sont apparues sur Terre, toutes les formes de vie doivent s'adapter à un environnement diversifié et en constante mouvance. Sous peine de disparaître, elles sont contraintes de suivre le rythme d'une avancée implacable et de se plier aux exigences du grand voyage que notre vaisseau spatial effectue à travers les âges.

Pour refaire leurs énergies et survivre, les êtres vivants ont dû non seulement diversifier le plus possible leurs sources d'approvisionnement, mais aussi, dans certains cas, raffiner à l'extrême leurs techniques d'alimentation. Certains oiseaux se sont donc faits tantôt croqueurs, tantôt déchiqueteurs, malaxeurs d'herbes ou encore broyeurs de semences ou de chair. Leur bec, leurs mâchoires capables de tout concasser et leur estomac aux sucs digestifs puissants se sont entraînés à un travail colossal visant à départager les protéines, les glucides et les lipides si essentiels à leur existence.

SE DÉMARQUER GRÂCE À DES LAMELLES FILTRANTES ET SÉLECTIVES

Un jour est apparue l'étrange famille des *Recurvirostridae,* qui regroupe les avocettes et quelques autres espèces d'oiseaux de rivage aux pattes très longues. Des quatre espèces répertoriées sur notre planète, l'avocette d'Amérique (*Recurvirostra americana*) est la seule à fréquenter l'Amérique du Nord, allant même jusqu'à s'inviter occasionnellement au Québec.

La grande particularité évolutive de son anatomie réside dans un bec mince et long, légèrement aplati à la base et toujours retroussé vers le haut. Chez le mâle, la courbure est moins prononcée, mais l'appendice est plus long. Parfois, on voit même des individus exceptionnels qui, avec le bout de leur bec recourbé vers le bas, sont pourvus d'un petit crochet fort pratique. Peu importe les variations de sa forme, l'originalité du bec de l'avocette tient dans ses fines lamelles adaptées à la filtration sélective des meilleures particules nutritives. Un peu comme les phanères des grands mammifères marins, ces lamelles très sensibles parviennent, à travers le limon visqueux, à repérer et à départager le bon grain de l'ivraie, tamisant les petits invertébrés et les succulents crustacés réfugiés dans la vase.

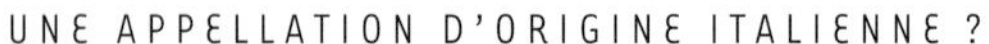

UNE APPELLATION D'ORIGINE ITALIENNE ?

Adepte des eaux saturées de sel, l'*American Avocet* privilégie les rives dépouillées d'arbres afin de mieux profiter de sa vision périscopique pour détecter le moindre intrus, et ce, bien avant d'être elle-même remarquée. De petites colonies se répandent dans les États du sud-est des États-Unis, mais le gros des troupes se retrouve dans le sud des prairies canadiennes et le long de la côte ouest américaine. Là, épaule contre épaule, le bec et parfois la tête plongés dans l'onde, les avocettes arpentent le marais salant et, par des mouvements latéraux bien rythmés, filtrent les animalcules qu'elles dégustent aussitôt.

Toujours à l'affût, juchée sur ses longues pattes, l'avocette se fie à sa vue perçante pour repérer la moindre approche amicale ou hostile, puis use de sa voix grave et stridente pour émettre des clîîp répétés que tous ses congénères s'empressent d'amplifier. Une hypothèse parmi les autres prétend que, l'oiseau cherchant à exprimer sa tonitruante protestation, les locuteurs italiens du XVIIIe siècle se seraient inspirés du latin *advocare* – l'ancêtre du verbe français « appeler » – pour en arriver à le baptiser. Par la suite, leur *avocetta* serait devenue l'avocette dans la langue de Molière.

DES FRÉQUENTATIONS PARTICULIÈREMENT ATTENTIONNÉES

Avant de former un couple officiellement monogame pour une saison, le mâle et la femelle se séduisent en recourant à des stratégies de charme complexes et élaborées. Au cours des fréquentations se succèdent les longues séances de lissage des plumes, les

balancements synchrones des becs sous la vase, les courtes marches côte à côte, becs entrecroisés. Une fois assurés de la solidité de leur nouvelle union, les duos copulent puis déambulent les becs entrelacés. Au cours de ces tête-à-bec, le mâle veille à couvrir le dos de la femelle de son aile protectrice, avant de s'éloigner temporairement. Selon la latitude et les matériaux disponibles, le couple aménage un domicile assez confortable pour sa future famille.

DU BON USAGE D'UN BEC RECOURBÉ

Incapables de voler avant l'âge de quatre à six semaines, les nouveaux membres du clan doivent apprendre à maîtriser le délicat processus du balancement latéral du bec dans la vase pour bien sensibiliser leurs jeunes lamelles filtrantes à une judicieuse rétention des nutriments.

Reconnaître les sites de l'abondance, débusquer des proies minuscules tapies dans la vase, éduquer leur long appendice recourbé à distinguer le délectable de l'indigeste, voilà les règles de survie que cette étrange famille a, au cours de son évolution, mystérieusement conçues. Petit à petit, leur morphologie et leur physiologie se sont métamorphosées pour permettre à une autre espèce de poursuivre le périlleux voyage à bord de notre fragile vaisseau spatial, la Terre, où rien n'est définitif, rien n'est assuré et où tout demeure fragile...

Caractéristiques

avocette d'amérique : *Recurvirostra americana • American Avocet.* Tête, cou et poitrine brun orangé; corps blanc; ailes et bande dorsale noires; long bec noir incurvé vers le haut. **distribution :** depuis le sud de la Colombie-Britannique jusqu'au sud de l'Ontario, fait quelques rares apparitions au Québec; hiverne de la Californie jusqu'au Texas, en Floride et du Mexique jusqu'au Guatemala. *Pages 27 et 29 (en haut) : en plumage nuptial; 28 et 31 : en plumage d'hiver; 29 (en bas) : avocette d'Amérique (à gauche) comparée à une échasse d'Amérique (à droite).*

Bord de mer à marée basse, en Californie. *Page 26.*

au cœur d'un marais salant, une avocette explore son menu.

Le faucon émerillon

UN PETIT PASSANT PAS TOUJOURS BIENVENU

C'est indéniablement l'admiration des hommes pour les faucons et leurs exceptionnels talents de chasseurs aériens qui a donné naissance à l'art de la fauconnerie. Avec leur agilité, leur rapidité et leur immense talent, les rapaces du ciel ont rapidement conquis nos ancêtres et, depuis des temps immémoriaux, les uns et les autres sont devenus d'inséparables compagnons de chasse. Bien sûr, l'évolution de ce compagnonnage se perd dans la nuit des temps, mais, comme nous rêvions d'en retrouver quelques traces, Denise et moi nous sommes mis à considérer la piste des hauts plateaux de l'Asie centrale comme la plus prometteuse. C'est ainsi que nous sommes partis à la rencontre des Kirghiz, ces nomades intrépides et chasseurs farouches.

LES DÉSERTS D'ASIE CENTRALE

Les Kirghiz étaient au rendez-vous, mais la saison automnale les incitait au départ. Ils nous ont invités à les accompagner à dos de chameau, dont la fourrure protège des vents de glace. Chemin faisant, ils murmuraient sans jamais s'interrompre des complaintes dont le rythme lent et émouvant soutenait la cadence des montures et tentait d'apaiser les humeurs capricieuses des dieux des montagnes. Seuls quelques souvenirs confus de nos guides évoquaient le long périple de leur art qui a pris la direction de l'Europe, de l'Asie ou des Amériques.

Au retour de cette longue aventure sur les traces de Marco Polo, nous avons constaté qu'un petit faucon émerillon et son nid nouvellement installé répandaient la terreur parmi les visiteurs ailés du voisinage. Coïncidence ou influence des dieux évoqués par les Kirghiz, nous avons été enchantés de cette rencontre fortuite.

UN PRÉFÉRÉ DE CES DAMES D'AUTREFOIS

Au temps pas si lointain où la chasse au vol était un privilège et où la tradition distinguait les rangs et les classes sociales, le petit émerillon était réservé aux dames. Cet habile chasseur des galantes capturait un des oiseaux les plus prisés de l'art culinaire de l'époque : la grive, un mets destiné aux grands festins.

Le petit faucon atteint la taille d'un pigeon. Le mâle aux fines moustaches et au dos ardoisé se démarque de la femelle, un peu plus corpulente et au dos couvert de plumes brunâtres. Son arrivée et surtout son installation dans le nid abandonné d'un corvidé, au sein d'un quartier où abondent les mangeoires installées par d'attentifs observateurs de la faune ailée, sèment habituellement un certain émoi. Il faut dire que ses victimes préférées demeurent les oiseaux de petite taille qui fréquentent nos jardins. De plus, chacun sait que le chasseur préfère un bail à long terme, ce qui le ramène au même logis plusieurs saisons d'affilée. Après la saison froide, le mâle se présente un mois avant sa compagne, qu'il accueille par des voltiges, des piqués, des vols planés ou des cercles aériens spectaculaires. Le couple scelle habituellement ses retrouvailles par des échanges de victuailles.

BIEN ADAPTÉ AU MILIEU URBAIN

Le petit chasseur s'est très bien adapté à la vie citadine. Installé au sommet d'un arbre géant ou d'un lampadaire stratégiquement situé, il répand la terreur en lançant de nombreux et stridents cris de guerre ou d'interdiction de passage sur son territoire. Dans ces conditions, la quiétude des petits oiseaux familiers et de leurs bienveillants observateurs deviendra bientôt de plus en plus précaire et sera rythmée par les suppliques affamées des quatre ou cinq rejetons du couple d'émerillons. Champion du vol rapide et furtif, le mâle s'élance à la poursuite du moindre imprudent qui défie

sa vue perçante. Rapidement, il ramène sa capture à la femelle qui, dès les premiers signes d'émancipation des petits, se joint à son compagnon pour à son tour prouver ses talents de chasseresse.

Ce sont d'ailleurs ces talents qui ont valu au faucon de devenir le rapace préféré des fauconnières à une époque pas totalement révolue, puisque, encore de nos jours, la pratique de la fauconnerie attire bien des adeptes. Dans les espaces aéroportuaires, les faucons rendent même de nombreux services souvent méconnus, voire sous-estimés, en chassant les oiseaux importuns qui mettent en péril la sécurité des avions et de leurs passagers. Par ailleurs, beaucoup de faucons aux ailes à géométrie variable, mais particulièrement bien adaptées aux diverses conditions de vols rapides, font l'envie des concepteurs d'avions furtifs et l'objet d'études attentives. Voilà ce qu'on aurait pu dire aux Kirghiz, qui sont si fiers de leurs légendes, mais en ignorent les répercussions lointaines...

Caractéristiques

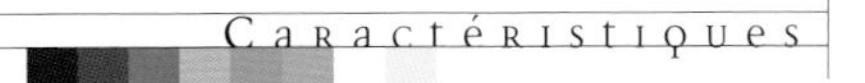

faucon émerillon : *Falco columbarius* • *Merlin (Pigeon Hawk).* Petit oiseau de proie diurne. **mâle :** dos bleuâtre, dessous chamois rayé de brun, queue brune traversée de bandes blanches. **femelle :** dos brun, corps semblable au mâle pour le reste. **distribution :** Amérique du Nord, Amérique centrale et Antilles ; Venezuela et Pérou ; Eurasie. *Pages 32 et 35 : femelle ; 34 (à droite) : juvénile.*

Chameaux des Kirghiz. *Page 33.*
Lac Tianshi dans les monts Tianshan, à Urumqi, en Chine. *Page 34 (à gauche).*

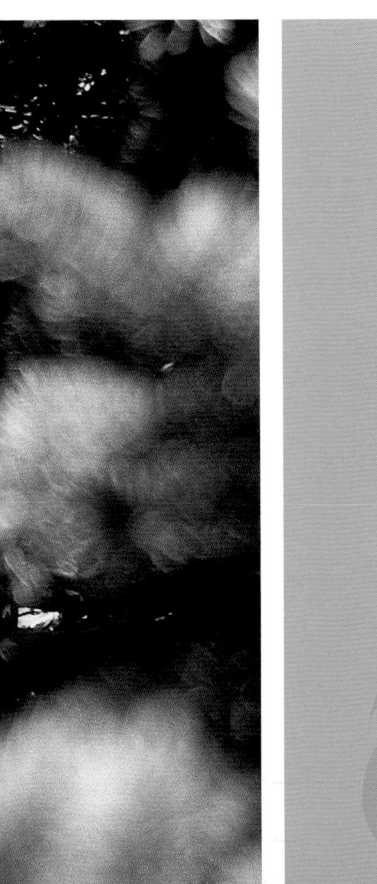

Le bruant des prés

La Gaspésie est décidément un des plus beaux joyaux du Québec ! Privilégiée lorsque la pêche et la forêt comblaient les attentes les plus élevées, la péninsule était une terre promise, selon ses chantres. C'était au temps où le train, ce cordon ombilical d'une époque alors nouvelle, avait achevé de désenclaver la presqu'île. C'était aussi l'époque d'une revanche des berceaux qui avait rempli les écoles à ras bord, alors que les barques ramenaient des pêches quasi miraculeuses. Mais, en d'autres temps, le Saint-Laurent a progressivement oublié de refaire ses stocks de poissons et les écoles, le plein d'écoliers. Les années ont passé, et les écoles ont fermé leurs portes au rythme du départ des marins vers les cités lointaines.

Des années plus tard, pas très loin de Percé, un jeune couple enthousiaste et surtout un tantinet idéaliste s'est mis à rêver de faire renaître la vieille école du village. Peu connu et fréquenté par quelques amants de la nature, le bâtiment s'est métamorphosé en gîte du passant.

Le train assurant un service plus que capricieux, nous nous y sommes rendus en voiture. Tous les jours, de la fenêtre de notre chambre, nous pouvions entendre le sifflet qui rappelait son apparition imminente à quelques randonneurs indolents.

À DEUX PAS DE LA VOIE FERRÉE

Nous étions enchantés par la beauté des lieux et nous avons longuement erré à travers les champs, humant les parfums d'une nature en éveil. C'est alors que nous avons vu et entendu un minuscule bruant des prés qui avait élu domicile à deux pas de la voie ferrée. Plus petit qu'un moineau, maquillé de sourcils jaunâtres et de rayures sur la tête, il chantait à s'époumoner. L'endroit était parfait, car les broussailles lui assuraient, à lui et à sa compagne, la discrétion

et la tranquillité tant recherchées par cette espèce. Oh ! Il y avait bien ce foutu train qui, à intervalles plus ou moins réguliers, faisait un boucan de tous les diables, mais son passage était aussi bref que bruyant. Comme bien des locataires, les bruants récemment arrivés du Sud et fraîchement installés s'y étaient peu à peu habitués, d'autant qu'une fois le train passé un silence délicieux et paisible les rassurait. Après maintes recherches, le couple avait enfin trouvé l'endroit rêvé pour élever sa petite famille. Aucun prédateur sérieux n'avait été repéré.

En futurs parents consciencieux, ils s'étaient empressés de se réserver un petit aplat bien de niveau et à l'abri des inondations où il leur serait facile d'assembler la coupole de brindilles et de fines herbes. Selon la tradition, l'entrée fort éloignée conduisait au nid, mais par un dédale si compliqué qu'il nous était pratiquement impossible de repérer la mère et ses quatre petits œufs en tenue de camouflage. Tous les jours, discrètement, nous avons suivi les allées et venues du mâle chargé de ravitailler la femelle… ou de la remplacer pour lui laisser des périodes d'évasion. Le bonheur, quoi !

UN VACARME INSOLITE

Puis un jour, au loin, un tintamarre inhabituel a attiré l'attention de tous, mais

surtout du paternel chargé d'assurer la sécurité des lieux. Paniquée, la femelle est sortie de sa torpeur pour venir aux nouvelles. Un curieux machin monté sur rails s'avançait en fauchant toute la végétation sur une distance d'au moins 3 mètres de chaque côté de la voie ferrée. Le nid y a passé de même que les petits. Tout est devenu propre et net, les bruants et leurs chants mélodieux avaient disparu. Une autre école, celle de la vie et de ses multiples enseignements, venait de fermer en Gaspésie...

Caractéristiques

BRUANT DES PRÉS : *Passerculus sandwichensis* • *Savannah Sparrow.* Petit oiseau de couleur chamois rayé de noir sur le dessus; dessous blanc rayé de brun; rayure superciliaire et lores jaunes. **DISTRIBUTION :** tout le Canada et le nord des États-Unis.

Rocher Percé, Gaspésie. *Page 39 (à gauche).*
Faucheuse sur rail. *Page 39 (à droite).*

ah ! que voilà l'abondance
pour mes petits !

Le cacatoès

UN VÉRITABLE *STAR SYSTEM* LUI FAIT PARCOURIR LA PLANÈTE

Les innombrables talents du cacatoès en ont fait une star et l'ont conduit sur tous les continents. Comme les grandes vedettes, il parcourt le monde et se retrouve dans les boutiques de nombreux pays avant de partager l'intimité de ses admirateurs. Le rôle d'animal de compagnie de ce perroquet qui appartient à une famille comptant une vingtaine d'espèces aurait débuté il y a plus de 2000 ans, mais sa véritable commercialisation en Europe daterait du XVe siècle.

Au dire de tous les éleveurs qui ont accueilli ses ancêtres, le cacatoès demeure le plus affectueux de tous les perroquets. Il adore attirer l'attention de celui qui l'accueille, il sait apprécier les caresses et réagit avec exubérance aux moindres marques d'attention. Particulièrement doué et doté d'une mémoire prodigieuse, il s'efforce de bien maîtriser les nombreuses cabrioles qu'on veut bien lui enseigner. Imitateur hors pair, il s'amuse à reproduire les phrases ou les sons qu'il entend. Sûr de lui, il les répète inlassablement pour le plus grand amusement de ses auditeurs, mais il provoque parfois l'embarras de son maître. Ses qualités étonnantes lui ont valu l'attachement de bien des gens esseulés ou handicapés, heureux de pouvoir partager pendant plus d'une cinquantaine d'années une surprenante complicité avec leur vieil et inséparable ami.

ET, À L'ÉTAT NATUREL, EST-IL AUSSI SPECTACULAIRE ?

Pour mieux découvrir sa véritable personnalité, Denise et moi nous sommes dirigés vers son Australie natale, ce continent des antipodes que le cacatoès n'a jamais quitté de sa propre initiative.

Après l'atterrissage cahoteux du petit avion de brousse sur une piste rudimentaire en plein *outback,* nous avons suivi une piste de terre rouge pour nous arrêter à proximité d'un *billabong,* un point d'eau absolument essentiel durant la saison sèche. Le soleil venait à peine de se lever et, déjà, de bruyantes bandes de 20 à 30 compères annonçaient de très loin leur arrivée. Comme des amis heureux de se retrouver au petit matin, les cacatoès se

posaient sur les branches partiellement dénudées de leurs feuilles par la dernière mousson. Progressivement, le vacarme est devenu assourdissant, tellement chacun semblait vouloir convaincre, sinon impressionner, ses voisins. On se serait cru en pleine assemblée parlementaire.

LE JEU RESSERRE LES LIENS DU CLAN

Les tribuns feignaient une certaine indifférence à notre présence, mais notre guide a eu tôt fait de nous signaler que des sentinelles au regard sombre et inquisiteur nous épiaient. En fait, au moindre faux mouvement, dès l'arrivée d'un prédateur, les cacatoès sont capables de déclencher une alerte si puissante qu'on pourrait se croire à l'aube d'un conflit nucléaire. Des couples se bécotaient, puis lissaient leurs plumes, d'autres semblaient poursuivre de vieilles querelles en dressant leur huppe pour mieux signifier leur état d'âme. Suspendus par le bec ou solidement arrimés par les pattes, plusieurs se balançaient, ébauchaient des cabrioles pour épater la galerie. L'effet d'entraînement était immédiat, car les cacatoès adorent les joutes où les plus habiles, jeunes et vieux, font valoir leurs talents en battant bruyamment des ailes et en multipliant les acrobaties aériennes. Ces moments sont très importants pour resserrer les liens assez solides qui unissent déjà les clans, nous répétait notre expert.

Bientôt, tenaillés par la faim, ils se sont éparpillés sur le sol et se sont envolés vers les arbres pour s'empiffrer le plus rapidement des semences ou des fruits mûrs dont ils raffolent. Peu pressés, les *Cockatoos* peuvent attendre de deux à cinq ans avant d'atteindre leur maturité sexuelle et de perfectionner leurs nombreuses manœuvres

de charme et de séduction. C'est d'ailleurs grâce à ces manœuvres qu'ils ont conquis le monde entier. Telles des stars, les troupes ont été réclamées, puis acclamées sur tous les continents. Pour accompagner les humains en mal de divertissements, ces troubadours de la faune ailée continuent de voyager et tentent de meubler de leur mieux la solitude d'un grand nombre...

Caractéristiques

cacatoès rosalbin : *Eoluphus roseicapillus* • *Galah.* Dos gris très caractéristique ; tête, cou et poitrine rose foncé ; dessus de la tête rosâtre. **distribution :** la Tasmanie et partout en Australie. *Pages 42 et 45 (en haut).*

cacatoès à huppe jaune : *Cacatua galerita* • *Sulphur-crested Cockatoo.* Corps entièrement blanc sauf la crête, qui est jaune safran. **distribution :** Nouvelle-Guinée ; nord et est de l'Australie ; Tasmanie. *Pages 44, 45 (en bas) et 47.*

Blue Mountains, en Australie. *Page 43.*

une sentinelle au regard inquisiteur nous épiait.

Les cassiques

À LA RECHERCHE DE CES NOMADES AUJOURD'HUI SÉDENTARISÉS

Les ancêtres des oropendolas et des cassiques, ces oiseaux exclusivement américains, ont largement parcouru l'Amérique centrale et l'Amérique du Sud, comme bien des nomades et des explorateurs des temps lointains. Au rythme de leurs découvertes, ils se sont sédentarisés et ont acquis des particularités régionales qui permettent maintenant de les distinguer. Ainsi sont apparus environ 13 groupes d'oropendolas et 11 types de cassiques.

AU MILIEU DE LA TRIBU DES ANANGU

Depuis le Costa Rica jusqu'au Brésil en passant par l'île de Trinité, nous avons épié ces oiseaux au comportement hors de l'ordinaire. Une de nos expériences les plus marquantes s'est déroulée en pleine forêt pluviale de l'Amazonie équatoriale, là où un centre appuyé par un organisme écotouristique soutient les membres de la tribu des Anangu dans leur effort en vue de préserver un des rares patrimoines de la biosphère encore intacts. Passé la ville de Coca, une pirogue motorisée nous a conduits à l'embouchure d'une petite rivière et nous a confiés à deux vigoureux pagayeurs autochtones qui se sont éreintés deux heures durant pour nous faire atteindre le lac Anangucocha.

UN PAGAYEUR DU NOM DE DARWIN

Nous avons appris par hasard que le plus jeune des rameurs se prénommait Darwin. « Montre-nous ton pays, ta faune et ses oiseaux » : cette simple phrase a déclenché en lui un élan d'enthousiasme et d'énergie comme nous en avions rarement vu. Au Napo Wildlife Center, nous avons vu de jolies et confortables constructions empruntées à l'architecture et aux traditions locales et avons constaté qu'elles cadrent parfaitement avec l'environnement.

DES NIDS IMMENSES ET AÉRIENS

Au milieu des cases, une impressionnante tour d'observation nous a permis de photographier à hauteur de nids des cassiques et des oropendolas en pleine période de construction de leurs

immenses et spectaculaires nids suspendus. Comme leurs semblables, ils avaient choisi un arbre géant et passablement éloigné des autres pour décourager les razzias que les singes ne manquent jamais d'organiser lorsque la faim les pousse à s'offrir une omelette d'œufs frais. Ces goinfres répugnent à s'aventurer à découvert, car l'impitoyable loi de la jungle ne laisse guère de chance à l'insouciance. Encore plus, ils redoutent les terribles colonies de guêpes qui, stratégiquement installées dans les arbres, offrent aux oiseaux leurs services d'agence de sécurité.

LES FEMELLES CONSTRUISENT, LE MÂLE DOMINANT SÉDUIT...

Tandis que les femelles toujours plus nombreuses s'affairaient à construire ces immenses coupes en forme de longs paniers de plus de 120 centimètres solidement arrimés aux branches, les mâles cherchaient à déterminer lequel d'entre eux serait digne de courtiser les belles. Car parmi beaucoup d'appelés, un seul ou presque peut être l'heureux élu.

Plus costauds que leurs compagnes, les mâles se livraient à d'impressionnantes joutes acrobatiques. Bien accrochés, mais surtout bien en vue sur une branche, les machos basculaient tête première en redressant les ailes, qu'ils déployaient toutes grandes derrière le dos, les faisant vibrer et battre bruyamment. Tête en bas, la queue redressée derrière le dos, ils se maintenaient ainsi à la verticale et lançaient des cris retentissants. Les plus habiles ou les plus audacieux se suspendaient par les pattes sous leur branche et battaient des ailes. Progressivement, les vocalises se sont calmées et les acrobates sont revenus à leur position initiale.

Habituellement ces compétitions sont suffisantes pour déterminer un vainqueur. Les combats sont peu fréquents, mais d'une rare violence. Au bout du compte, le vainqueur tente de repérer une femelle réceptive qui manifeste son état d'âme en déposant des feuilles dans le nid. Le galant se rapproche, reprend ses acrobaties et espère que la femelle manifestera son intérêt en guise d'acquiescement. Pour des raisons de sécurité, les femelles élèvent leur couvée à des moments différents, tout au long de l'année. À la moindre distraction du premier amant, le second en titre se précipite pour jouer le rôle de reproducteur de l'espèce.

UN GESTE DE CONSÉQUENCES

Notre séjour a été proprement inoubliable. Avant de repartir, nous avons promis à Darwin de sensibiliser nos concitoyens à l'importance des gestes des aborigènes qui, travaillant à préserver ou à sauver le coin de pays de leurs ancêtres, invitent des étrangers à les accompagner dans leurs démarches. Face aux pressions économiques des entrepreneurs de tout acabit, qui croissent et se multiplient en propageant un modernisme souvent périlleux, les démarches des autochtones semblent souvent insensées. Pourtant, ils nous ont tellement appris... « Darwin, montre-nous ton pays, ta faune et ses oiseaux ! »

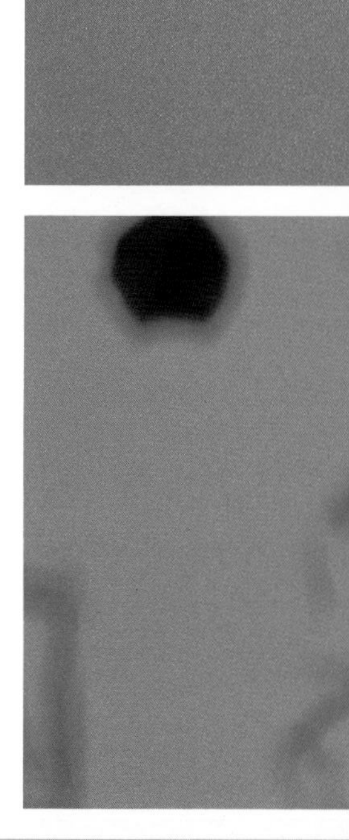

Caractéristiques

CASSIQUE CUL-JAUNE : *Cacicus cela • Yellow-rumped Cacique.* Corps et bout de la queue noirs, croupion et queue jaunes ; bec ivoire. DISTRIBUTION : Panama, Bolivie et Amazonie brésilienne. *Page 51 (en bas, à droite).*

CASSIQUE CUL-ROUGE : *Cacicus haemorrhous • Red-rumped Cacique.* Corps entièrement noir avec un croupion rouge ; bec ivoire. DISTRIBUTION : Venezuela, Argentine, Amazonie brésilienne. *Page 51 (en haut).*

CASSIQUE HUPPÉ : *Psarocolius decumanus • Crested Oropendola.* Corps noir, croupion roux, queue noire bordée de jaune ; bec et plaque frontale ivoire ; huppe rarement visible. DISTRIBUTION : Panama, Argentine et Brésil. *Page 51 (au centre).*

CASSIQUE DE MONTEZUMA : *Gymnostinops montezuma • Montezuma Oropendola.* Gros cassique brun-roux ; marques distinctives sur la face et le bec. DISTRIBUTION : côte est de l'Amérique centrale. *Pages 49 et 52.*

Napo Wildlife Center, en Équateur. *Page 48.*
Nids suspendus. *Page 51 (en bas, à gauche).*

un vainqueur tente de repérer
une femelle réceptive.

La chouette lapone et la chouette épervière

DES SÉDENTAIRES MÉTAMORPHOSÉES EN D'INCROYABLES NOMADES

Au rythme d'une démographie humaine galopante, les grands espaces s'atrophient et plusieurs disparaissent même ou deviennent des déserts. Pour le moment, cependant, certaines terres résistent encore. Dans les régions nordiques, elles ont pour noms toundra et taïga. De tout temps, ces régions ont attiré les explorateurs, les Amérindiens d'abord, puis les découvreurs blancs ensorcelés par l'immensité des lieux et l'abondance des fourrures. Aujourd'hui, c'est la richesse de leurs sous-sols qui les appâte. Mais ces forêts frontières où se côtoient conifères, feuillus chétifs, clairières et marais hébergent aussi une faune discrète, méconnue et le plus souvent sédentaire.

LORSQUE LES VIVRES VIENNENT À MANQUER

Ainsi en est-il des chouettes, qu'elles soient lapones ou épervières. En périodes fastes, lorsque les couples de petits rongeurs engendrent de nombreux rejetons, la surabondance de chair fraîche qui gambade favorise de véritables *baby-booms* chez les chouettes. Affamées, les nombreuses petites chouettes ont tôt fait d'épuiser non seulement leurs parents, mais surtout les réserves alimentaires. Les vivres venant à manquer, la faim tenaille bientôt jeunes et moins jeunes.

Répondant à l'appel de leur estomac, ces sédentaires de tradition se résignent finalement à gagner les champs et les forêts du Sud où pullulent, comme le répètent les plus expérimentées, d'innombrables mulots et de délicieuses souris. Les chouettes habituellement si casanières se métamorphosent en d'infatigables nomades capables de parcourir des distances impressionnantes. Certaines chouettes nord-américaines descendront jusqu'aux États-Unis tandis que leurs parentes européennes gagneront les pays baltes.

UN NOM D'EMPRUNT

Moins corpulente que la chouette lapone, la chouette épervière – qui doit cette appellation à son habitude de chasser le jour, à la manière d'un épervier – aime bien se percher pour mieux scruter son territoire de traque. Peu farouche, elle se fait cependant discrète jusqu'au moment où la faim réveille ses instincts d'agile poursuivante. Grâce au vol silencieux que lui permettent ses plumes aérodynamiques, elle fond sur sa proie sans éveiller le moindre soupçon.

Dans les champs enneigés, c'est la panique : un terrible danger vient encore de s'inviter cet hiver. La nouvelle se répand comme une traînée de poudre et bientôt de partout accourent les observateurs à deux pattes, qui cherchent les postes d'observation les plus stratégiques pour scruter les environs, poussant à leurs limites l'acuité de leurs jumelles et de leurs lentilles naturelles. L'événement exceptionnel monopolise les canaux de communication et fait la manchette. On décrit la prédatrice nouvellement arrivée : de petite taille, elle se démarque par son plumage gris moucheté de noir et de blanc. Deux immenses disques faciaux blancs soulignés en périphérie par des lignes noires encadrent un regard jaune foudroyant.

GARE À L'INSOUCIANCE

Lorsque ses yeux repèrent un insouciant à quatre pattes, elle s'élance en battant des ailes pratiquement au ras du sol, puis, pour éviter d'éveiller le moindre soupçon, elle plane avant d'enfoncer ses puissantes serres dans le corps de sa victime. À d'autres moments, elle s'immobilise comme le fait la crécerelle et, après avoir fait du surplace pour mieux évaluer la difficulté de l'attaque, elle fonce. Dans un tourbillon de neige, elle surprend sa victime sous plus de 20 centimètres de poudreuse. Voilà, c'en est fait du rat des champs : d'imperceptibles bruissements avaient trahi sa présence et il en ressort le cou brisé. Au loin, les curieux

sont ravis d'y avoir échappé et s'apprêtent à repartir, mais, à leur grand dam, ils découvrent aussitôt une autre visiteuse immobile.

PLUS COSTAUDE, MAIS AUSSI FRIANDE DE PETITS RONGEURS

Plus costaude, la chouette lapone, la voisine de palier de la chouette épervière, impressionne par sa forte taille et par l'abondance de ses plumes grisâtres qui la protègent des plus terribles morsures du froid des régions boréales de l'Amérique du Nord et de l'Eurasie. Elle est dépourvue d'aigrettes et a de grands yeux jaunes qui sont parfaitement adaptés à la chasse nocturne et dominent le centre d'imposants disques faciaux. Un mince collier sur une gorge démarquée par une tache noire en son milieu la distingue des autres rapaces nocturnes, surtout de la chouette rayée.

Victime elle aussi de la pénurie de campagnols, de musaraignes, de passereaux et de gros rats musqués des régions nordiques, la chouette lapone vagabonde maintenant dans les riches plaines et forêts du Sud. Elle reste méfiante, cependant, car elle doit tout de même s'éloigner de ses ennemis jurés : le grand duc d'Amérique et le pékan. Plus rarement, elle doit fuir l'autour des palombes et parfois même l'ours noir.

C'est instruites de toutes ces leçons de vie que, certaines années d'exception, les familles de chouettes trop nombreuses pour se rassasier à même les paniers de provisions de la toundra et de la taïga se font nomades, envahissant les régions du Sud afin de chasser, sous nos regards admiratifs, de délicieux rongeurs des villes et quelques rats des champs.

Chouette épervière : *Surnia ulula* • *Northern Hawk Owl.* Chouette de taille moyenne, corps élancé, queue longue ; dessus de la tête moucheté brun et blanc ; grands sourcils blancs, disque facial bordé de deux bandes noires se prolongeant jusqu'à la poitrine. Perchée, elle a l'allure d'une buse ou d'un faucon. **Distribution :** nord de l'Eurasie et de l'Amérique du nord. *Pages 56 (à gauche) et 59.*

Chouette Lapone : *Strix nebulosa* • *Great Gray Owl.* Grosse chouette brun grisâtre, très striée ; disque facial imposant à cercles concentriques ; yeux jaunes. **Distribution :** forêts conifériennes boréales de l'Amérique du Nord et de l'Eurasie. *Pages 54, 56 (à droite) et 57 (à gauche).*

Paysage d'hiver au Québec. *Page 55.*
Paysage nordique de l'Eurasie. *Page 57 (en bas, à droite).*

Dans un tourbillon de neige,
elle surprend une victime.

Les conures

DES PETITS PERROQUETS AU MILIEU DES TERMITES...

Les conures, ces petits perroquets très prisés de leurs admirateurs, sont aujourd'hui considérées comme d'amusants oiseaux de compagnie et d'élevage depuis que l'importation des espèces d'origine sauvage est interdite. Appelées de manière plus pragmatique *Parakeets* par les Anglais, les conures sont originaires du Mexique, de l'Amérique centrale, de l'Amérique du Sud et quelques-unes des Antilles. Elles se sont adaptées aux diverses conditions climatiques de ces régions du globe depuis longtemps déjà et se sont multipliées au point où elles sont maintenant représentées par une quarantaine de variétés distinctes.

Les conures ont exploré les moindres recoins de plusieurs contrées avant de s'établir. Certaines ont préféré vivre à la montagne et d'autres, dans les forêts, au cœur des déserts ou dans les milieux humides des basses-terres. Pour élever leur famille, elles ont toutes érigé un petit chez-soi procurant du confort et une sécurité relative. Les unes ont choisi les arbres touffus, les autres les crevasses à flanc de falaises, et certaines, les cactus dont les épines ont l'avantage de tenir éloignés bien des prédateurs.

Est-ce une crise sévère du logement associée à une déforestation galopante, une excentricité personnelle ou une découverte fortuite qui a conduit plusieurs groupes de conures à chercher une solution assez originale : habiter dans la demeure des termites ? Personne ne connaît la réponse. En ce qui me concerne, cependant, après avoir eu l'occasion d'en observer plusieurs espèces dans diverses contrées, je dois reconnaître que leur extraordinaire et si fréquent opportunisme mérite qu'on s'y attarde.

UNE ARMÉE DE SOLDATS REDOUTABLES

Les termites ont acquis des habitudes aussi diversifiées que les 2600 espèces issues de leur évolution. Ils sont régis par des règles sociales qui les divisent en castes et qui, au dire des chercheurs, semblent assurer l'harmonie des rapports au sein d'impressionnants et populeux regroupements d'individus. Disciplinées et systématiques, les colonies se sont installées dans les zones tempérées et tropicales qui s'étendent depuis le sud du Canada jusqu'au sud de l'Australie. Leurs nids, qui sont

érigés sous terre, au-dessus du sol, dans les arbres ou, chez certaines espèces, à même les habitations humaines, résultent de la mastication des matériaux disponibles. Protégées par une armée de soldats redoutables, les ouvrières vaquent à la construction d'innombrables loges reliées entre elles par un système complexe de galeries astucieusement climatisées.

UN MOUVEMENT DE LIBÉRATION DES CONURES ?

Est-ce par hasard ou par opportunisme que les conures ont emménagé dans ces pièces à température si constante que leurs œufs parviennent à maturité sans le moindre effort, et ce, en toute sécurité ? Est-ce un mouvement de libération avant-gardiste qui a dégagé les mamans conures des fastidieuses heures de couvaison ? Nul n'est encore parvenu à résoudre l'énigme. Libre à nous d'imaginer que la femelle a sans doute pris goût aux délicieux instants de loisir qui lui permettent d'accompagner un mâle particulièrement attentionné.

ET CE N'EST PAS TOUT !

En compagnie de nos guides, nous avons longuement observé les stratégies des conures cuivrées, des conures de Hoffmann, des conures soleil et des touis à menton d'or. Ainsi avons-nous pu constater qu'un couple de petits astucieux ne choisit jamais une termitière abandonnée, et pour cause. Durant environ une semaine, le duo de petits perroquets creuse sans s'arrêter une galerie aux dimensions parfaitement adaptées à celles de la termitière. Ce couloir peut parfois s'étirer sur une cinquantaine de centimètres avant d'aboutir à une spacieuse chambre. Le gros œuvre terminé, les petits entrepreneurs s'éloignent, le temps que les termites affolés réparent les dégâts et polissent les parois dans l'espoir de mieux circonscrire leurs voisins indésirables, ces squatters sans gêne. Dès l'éclosion des œufs, au nombre de deux à huit, l'observateur humain doit toujours s'approcher de la termitière le plus discrètement possible, car les jeunes ont l'ordre de se taire au moindre bruit suspect, question de laisser croire aux intrus éventuels que le logis est vacant. Pour tenter d'éloigner les visiteurs,

les parents sont parfois contraints de voltiger des heures durant en tournant au-dessus des têtes avant de se poser à grande distance. L'expert qui connaît bien les stratagèmes de ces oiseaux évitera bien des déveines au photographe.

Au dire des autochtones, le voisinage avec les nichées de conures se vit de façon relativement pacifique. Du moins le climat est-il beaucoup plus serein qu'au moment où, après s'être fait dorloter au nid durant une quarantaine de jours, les adolescents laissent les termites vaquer à leurs occupations et vont voler de leurs propres ailes en se déplaçant en bandes bruyantes. En groupe, ces grands végétariens, pilleurs de champs de maïs, exaspèrent les petits agriculteurs, qui tentent de les chasser. Plusieurs s'organisent même pour les capturer et les expédier vers de lointaines contrées où on les considère comme d'amusants oiseaux de compagnie et d'élevage. Ainsi voyagent les conures...

Caractéristiques

CONURE DE HOFFMANN : *Pyrrhura hoffmanni* • *Sulphur-winged Parakeet.* Conure verte dont les ailes sont bordées de jaune et de bleu ; tête moustachée de vert et de jaune ; tache rouge au niveau des oreilles. **DISTRIBUTION :** Costa Rica et Panama. *Pages 62 (à gauche) et 64.*

CONURE SOLEIL : *Aratinga solstitialis* • *Sun Parakeet.* Conure jaune orangé ; tête et ventre orangés ; dos, épaules et croupion jaunes ; ailes vertes. **DISTRIBUTION :** Guyane et nord du Brésil. *Page 63 (en haut).*

CONURE CUIVRÉE : *Aratinga pertinax* • *Brown-throated Parakeet.* Front, face et poitrine olive brunâtre ; ventre jaune verdâtre ; dessus de la tête et dos verts ; cercle jaune autour de l'œil. **DISTRIBUTION :** Panama et nord de l'Amérique du Sud. *Page 61.*

TOUI À MENTON D'OR : *Brotogeris jugularis* • *Orange-chinned Parakeet.* Tête vert brillant avec des tons bleuâtres ; cercle blanc autour de l'œil ; petite tache orange sur le menton ; reste du corps vert avec des tons de bleu. **DISTRIBUTION :** sud-ouest du Mexique, côte pacifique de l'Amérique centrale ; Colombie et Venezuela. *Pages 62 (à droite) et 63 (en bas).*

Plantation de café au Panama. *Page 60*

un couple de petits perroquets observe
le travail des termites.

Le coq-de-roche

COMMENT NOS GARGANTUESQUES BESOINS DE GAZ À EFFET DE SERRE OU LEUR RÉDUCTION COMPROMETTENT UNE AUTRE VIE SUR TERRE...

Tous les matins, depuis la nuit des temps, sur notre unique et mystérieuse planète, la vie s'active ou, dans le cas de quelques noctambules, elle s'endort afin de refaire ses forces. Une vie bien fragile, comme le constatent mes confrères et mes consœurs médecins qui sont appelés à tenter d'en corriger les innombrables dérangements. Or, ces dérangements, ils sont de plus en plus souvent provoqués par un environnement que l'on s'emploie à perturber.

Oui, il y a bien une flopée de chantres des pays riches – et des pays, de plus en plus nombreux, qui aspirent à le devenir – qui s'agitent avec raison autour des gaz à effet de serre, du protocole de Kyoto et des déchets qu'on n'arrive plus à recycler. Parfois, il y a même un maudit virus, une sale bactérie, une menace d'épidémie qui vient nous rappeler que nous ne sommes pas les seuls à vivre sur cette terre. Alors nous nous interrogeons. Pourquoi tant de diversité, souvent néfaste à notre santé, alors qu'il serait si simple pour l'*Homo sapiens* d'être seul, en paix et en santé ?

Régulièrement, je pars à la rencontre de tous ces laissés-pour-compte qui n'en finissent plus de se réfugier dans les derniers recoins insolites. Là, démunis, de parfaits inconnus attendent que l'on confisque leurs forêts pour extraire du sous-sol les dernières traces d'or ou de pétrole, ou pour planter ces eucalyptus qui rendent notre papier hygiénique si doux...

UNE PIÈCE DE THÉÂTRE OU UNE ARÈNE

Il est 4 heures du matin, le temps est pluvieux comme il se doit dans cette forêt sombre des Andes où, transis, nous attendons les premières lueurs du jour et les maîtres du *lek*. « Silence absolu ! » répète le guide. Bientôt, ce lieu que les Suédois ont baptisé *lek* va s'animer. L'emplacement choisi avec minutie par un oiseau exceptionnel, l'*Andean Cock-of-the-Rock,* est permanent. La scène est prête et, comme les trois coups de bâtons sur le plancher précèdent toute pièce de théâtre bien rodée, trois cris étouffés annoncent le début du spectacle.

Un par un, les acteurs – tous des mâles – se présentent ; ils seront plus de 20 au total. Ce sont des habitués, toujours les

mêmes. Rarement une jeune recrue sera-t-elle la bienvenue. Une seule femelle, la spectatrice officielle, sera finalement accréditée. Comme il se doit, cependant, elle se fait attendre. Rapidement, l'arène – car ce qui se déroulera ici est une compétition de séduction plus ou moins chevaleresque – s'organise. Chacun doit respecter une hiérarchie assez stricte. Les nobles chevaliers de rouge vêtus, habituellement les plus talentueux, se pavanent aux places de choix, la plus importante étant celle du centre. Quant aux moins doués, aux novices ou aux stagiaires, reconnaissables à leur plumage brunâtre tacheté, ils se disputent la périphérie. La superficie de l'espace individuel qui est dévolu à chacun est fonction de ses prouesses antérieures. Mais, trêve de bavardages, faisons place au spectacle !

QUE LA COMPÉTITION PAS TOUJOURS CHEVALERESQUE COMMENCE !

Au cours des représentations quotidiennes des jours et des semaines précédentes, chacun s'est approprié au moins une branche qu'il a soigneusement dépouillée de ses feuilles pour, bien sûr, se faire remarquer par l'unique spectatrice, mais surtout pour faire reconnaître ses multiples talents à leur juste valeur. Les prestations initiales regroupent habituellement des duos de mâles qui se congratulent et s'encouragent mutuellement. Dès lors se succèdent les sautillements, les courbettes, les secousses de la tête, les battements frénétiques des ailes, les claquements de becs et l'émission de curieuses plaintes nasales qui, à mes oreilles, résonnent plus comme des lamentations d'hippopotames.

UNE SPECTATRICE PLUTÔT FROIDE

Lorsque finalement la femelle se pointe, le plus souvent, elle feint l'indifférence. Les acteurs accentuent alors leurs prestations, qui peuvent même dégénérer en violentes et interminables confrontations, car seul le mâle du centre, le mâle *alpha,* pourra éventuellement accompagner la belle auditrice

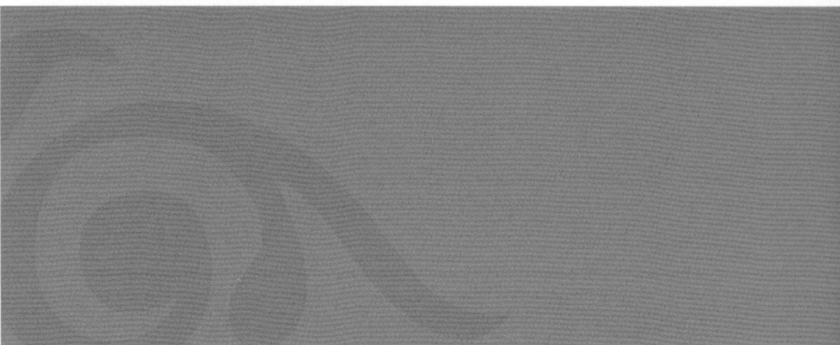

à l'entracte. De son côté, jouant toujours les impassibles, la femelle survole de nouveau la scène sans y prêter grande attention et disparaît la plupart du temps. Le manège peut se poursuivre plusieurs jours durant. Puis, un beau matin, sans qu'on sache très bien pourquoi, la belle à plumes se rapproche du vainqueur et l'invite à l'accompagner dans un lieu plus discret…

SOULAGER LA CONSCIENCE DES GENS DU NORD

Le spectacle inoubliable d'une autre manifestation de la richesse de la vie sur Terre est terminé. Au moment de nous quitter, les guides nous implorent de faire comprendre aux gens du Nord à quel point la contribution de l'oiseau frugivore est essentielle au maintien de la biodiversité de la forêt. Une forêt qui, à l'instar de la nôtre, rétrécit comme peau de chagrin. Déjà fortement convoitée pour ses richesses arboricoles ou minières, elle est maintenant sacrifiée aux nouvelles cultures productrices de bioénergie. Ces gestes du quotidien qui la grugent servent aussi à soulager bien des consciences anxieuses de réduire les émissions de gaz à effet de serre. Encore leur faudrait-il cependant ne pas ignorer certains des enjeux si vitaux pour la survie du fragile équilibre de notre planète, ces legs que nous devons préserver pour les générations futures…

Au sein de la cordillère des Andes, ce legs a pour nom *lek* et son détenteur est le coq-de-roche.

Caractéristiques

COQ-DE-ROCHE PÉRUVIEN : *Rupicola peruviana* • *Andean Cock-of-the-Rock.* **MÂLE :** rouge orangé ; ailes et queue noires ; grandes taches grises sur les ailes ; énorme crête recouvrant même le bec. **FEMELLE :** marron foncé ; crête brune plus petite que celle du mâle. **DISTRIBUTION :** Andes, surtout Équateur et Pérou.

Lever de soleil sur la forêt pluviale, au Pérou. *Page 67.*
Rivière péruvienne. *Page 69 (en haut, à droite).*

UN PAR UN, DES ACTEURS SE PRÉSENTENT
SUR LA SCÈNE DU «Lek».

Le durbec des sapins

UN VAGABOND DE L'HIVER

Les oiseaux sont de grands voyageurs. Pour les explorateurs égarés, ils ont souvent été les guides de la dernière chance. Combien de survivants doivent leur salut à quelques voltigeurs jusque-là inconnus qui ont fait crier « Terre ! Terre ! » à la vigie qui venait de les apercevoir à l'horizon, du haut de son mât ? Plus souvent qu'ils le racontent ou l'admettent, de valeureux capitaines ont survécu à la famine en mangeant les œufs et la chair tendre de leurs sauveteurs ailés. Beaucoup d'espèces nouvelles ont ainsi aidé l'humanité à franchir certaines étapes importantes de son histoire. Des lieux ont hérité de noms devenus par la suite assez célèbres : cap Horn, îles Cook, etc.

Nous savons que d'une saison à l'autre de nombreux oiseaux parcourent de très grandes distances par la voie des airs, ce qui les amène la plupart du temps à changer de contrée. Lorsqu'ils se déplacent massivement, leur périple prend des allures de spectacle. Souvent médiatisés, ces impressionnants et majestueux déploiements propulsent les volatiles au rang de vedettes. Cependant, d'autres individus plus discrets parcourent d'aussi vastes territoires, mais passent le plus souvent inaperçus.

UN OCCUPANT DE VASTES TERRITOIRES

Le durbec des sapins fait partie de cette catégorie méconnue. Sa discrétion pourrait expliquer en partie l'anonymat relatif où il se trouve. Pourtant, il occupe de vastes territoires en Amérique du Nord, en Europe et en Russie.

En Amérique, le *Pine Grosbeak* se subdivise en deux clans : le clan de l'Ouest, qui fréquente les Rocheuses depuis l'Alaska jusqu'au Nouveau-Mexique, et le clan de l'Est, qui habite les territoires du Yukon jusqu'à Terre-Neuve. Relativement abondante dans les forêts boréales de résineux, l'espèce des *Pinicola enucleator* quitte parfois ses refuges nordiques lorsque, l'hiver se faisant particulièrement rigoureux, le blizzard la tourmente

et la faim la tenaille. Dans les régions méridionales, le durbec devient plus facile à repérer. Des photographes patients et des propriétaires de postes d'alimentation bien garnis peuvent en observer de petites bandes qui viennent se sustenter lors des froids dits « de canard ».

UN DES RARES MOMENTS DE MIGRATION PLUS AU SUD

C'est le moment où le durbec des sapins se fait le plus visible, car ces séjours inhabituels au Québec comptent parmi ses expéditions les plus audacieuses. Nous sommes, Denise et moi, au lac Supérieur, près de Saint-Faustin, dans les Laurentides. Ils sont une quinzaine, perchés au faîte d'un énorme bouleau. Ils viennent à peine de quitter leur cachette de la nuit dernière où, blottis les uns contre les autres, ils ont combattu un frisquet 30 °C au-dessous de zéro. Un froid qui, plus au nord, rapproche souvent les couples. Au temps de la nidification, les duos se retirent comme le faisaient autrefois les ermites dans des forêts sombres bordées de clairières et de cours d'eau.

Peu familiers des lieux civilisés, nos visiteurs d'exception se laissent facilement admirer. Ils sont particulièrement jolis. De la taille du merle d'Amérique, le mâle se démarque par des plumes d'un rouge rosâtre resplendissant sur fond de neige ou de firmament limpide. « Clic, clic, clic », insiste mon appareil photo. La femelle et les jeunes de la bande entremêlent les rouges et les jaunes.

Ils s'expriment de façon aussi mélodieuse que le roselin pourpré, dont les modulations cependant sont un peu plus douces. Grand imitateur, il n'hésite pas à annoncer la présence d'un pic chevelu, d'un mésangeai ou d'un merle d'Amérique, que l'on ne réussira jamais à repérer tellement la ressemblance est réussie.

LES VAGABONDS DE LA FAIM

De leur robuste bec noir, ils mastiquent quelques graines d'épinette avant d'apercevoir une mangeoire remplie de tournesol noir. Ces vagabonds de la faim avalent goulûment leur petit-déjeuner dans un autre des nombreux et accueillants services au perchoir du Sud. Leur escale sera habituellement brève, puisqu'elle ne dure que le temps dont ils ont besoin pour refaire leurs forces en vue de regagner leurs chères terres natales. Là-bas, il sera quasi impossible de les retrouver, car l'endroit où ils camouflent leurs nids demeure un de leurs secrets les mieux gardés. Grâce à quelques observations privilégiées, on sait que les couples s'unissent au mois de mars. Se montrant de plus en plus assidu, le mâle offre à l'élue moult friandises en guise de petites attentions. Une fois conquise, la femelle entreprend seule la construction du nid, avant de mettre au monde de deux à cinq petits dont l'éducation sera partagée équitablement entre les deux parents. Leur éducation relativement discrète se déroulera dans ce refuge boréal qu'ils ne quitteront qu'en cas de grave disette.

Si la nourriture se fait trop rare, quelques lieux privilégiés résonneront de nouveau du chant de ces vagabonds descendus plus au sud dans l'espoir de trouver des mangeoires aussi accueillantes que celles que leur parenté leur a si chaudement recommandées autrefois.

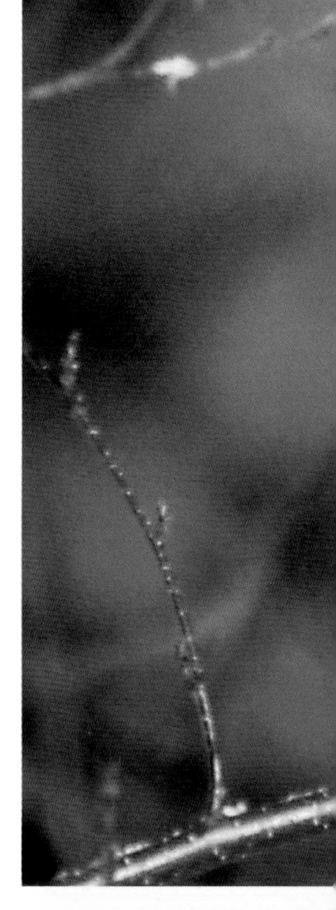

Caractéristiques

Durbec des sapins : *Pinicola enucleator* • *Pine Grosbeak.* Oiseau de la grosseur du merle américain. **Mâle :** corps rouge pourpré ; bec conique noir ; ailes et queue noires striées de blanc. **Femelle :** corps olive jaunâtre et parfois roussâtre ; ailes et queue noires striées de blanc. **Distribution :** espèce holarctique : Amérique du Nord ; nord de l'Eurasie, Scandinavie, Sibérie et nord du Japon. *Pages 73, 75 (à droite) et 76 : mâle ; 75 (en haut) : mâles accompagnés d'un sizerin flammé ; 75 (au centre) : femelle.*

Automne dans les Laurentides. *Page 72.*

avant de regagner ses chères terres natales...

Le BIHOREAU

SURVIVRE À L'OURAGAN KATRINA, EN LOUISIANE…

Avoir un rêve et pouvoir le réaliser demeure un des plus puissants leviers pour tout explorateur avide de découvertes. Pensons, par exemple, au célèbre naturaliste John James Audubon. En descendant le Mississippi pour peindre les oiseaux qui y vivaient ou empruntaient cet exceptionnel couloir nord-américain de migration, il a réalisé à sa façon l'un de ses rêves les plus chers.

LE FLEUVE « QUI S'ÉTALE » DES ALGONQUINS

Au fil des siècles, le Mississippi – troisième bassin hydrographique mondial après celui de l'Amazone et du Congo – s'est chargé de l'évolution et du maintien de l'équilibre fragile de la biodiversité sur l'une des plus vastes étendues du territoire nord-américain. Mais, plus récemment, ce fleuve que les Algonquins appelaient *Misizzibi* – « qui s'étale sur une vaste surface » – a vu son parcours et son destin profondément modifiés par les impératifs d'une société désireuse de tout contrôler. Ainsi, par exemple, après la guerre de Sécession, la jeune et puissante nation des États-Unis a-t-elle résolument tourné le dos aux pratiques des autochtones qui, depuis des millénaires, supportaient les caprices des eaux indomptables en déplaçant leurs villages au gré des sautes d'humeur de la nature.

UN FLEUVE À MÂTER

Le temps était venu de mâter ce cours d'eau impétueux ! Les digues savamment conçues par la U.S. Army Corps of Engineers allaient définitivement transformer ce fleuve insoumis en un canal fluvial docile. Or, c'était fronder sans bien connaître le tempérament rebelle du conscrit, qui sait parfois associer ses fureurs à celles du golfe du Mexique, une mer capable de brasser des ouragans particulièrement meurtriers. Malgré les mises en garde toujours plus pressantes, des travaux gigantesques ont été entrepris puis consolidés.

Au grand étonnement des technocrates, les désastres se sont alors mis à se succéder. Plusieurs dates ont marqué ces échecs et laissé aux riverains des souvenirs particulièrement cruels : 1858, 1927, 1937, 1950 et 1993, pour n'en nommer que quelques-unes, la plus récente catastrophe étant le passage de l'ouragan Katrina en août 2005. Les dégâts causés par Katrina ont malheureusement – et largement – dépassé les estimations les plus pessimistes. Le constat a été brutal. Privée de ses alluvions annuelles, La Nouvelle-Orléans s'enfonce progressivement sous le niveau de la mer, tandis que les rejets d'un fleuve de plus en plus corseté et violent érigent à son embouchure un véritable tremplin qui renforce l'élan des ouragans.

UN VÉRITABLE DÉSASTRE ÉCOLOGIQUE

Trois ans après le déluge, intrigué par toutes les versions contradictoires, je suis parti à la rencontre de la mégaréserve naturelle que constitue le delta du Mississippi, qui

accueille une des plus importantes concentrations d'oiseaux résidents et migrateurs. Dans la ville comme dans les *suburbans,* les immenses séquelles laissées par Katrina ajoutent au désarroi général. Seuls certains lieux érigés selon les traditions amérindiennes sur des *mounds,* ces promontoires surélevés par les hommes dits primitifs, sont demeurés intacts.

Ma première déception a été de découvrir d'innombrables sanctuaires non seulement dévastés, mais dont les entrées cadenassées interdisaient toute observation. Quelques-uns, un peu mieux protégés, demeuraient accessibles.

Des aigrettes, des cormorans, mais surtout des bihoreaux, ces oiseaux courts sur pattes et trapus, épiaient les berges. Opportunistes, ces volatiles costauds et résistants se sont approprié les

nombreux lots autrefois occupés par des espèces plus vulnérables. Sont-ils revenus après la tempête ? Ont-ils trouvé refuge dans des abris secrets ? Ont-ils plus simplement fui les lieux avant le désastre ? Aucun des guides ne pouvait répondre à ces questions. Certains d'entre eux ont cependant noté que, dans les heures précédant l'arrivée des vents forts, un grand nombre d'espèces s'étaient mystérieusement volatilisées. Cette fuite devant les catastrophes naturelles est maintenant de plus en plus souvent signalée par des observateurs chevronnés.

Au gré de mes visites, je reverrai quelques bihoreaux gris et, à d'autres moments, quelques rares bihoreaux violacés. Patients, attentifs, immobiles, ces oiseaux pêcheurs scrutent les ondes avant de harponner une grenouille ou un petit poisson au moyen d'une fulgurante détente du glaive qui leur sert de bec. L'absence de compétiteurs a transformé ces adeptes de la pêche crépusculaire en d'audacieux prédateurs diurnes. Je les observe : ils se baladent lentement, voltigent parfois, puis se jettent sur leur victime, s'offrant un repas qu'ils n'auraient jamais pu se payer en temps normal.

UNE AUTRE OCCASION DE RÉFLÉCHIR

Le malheur des uns faisant souvent le bonheur des autres, les bihoreaux profitent de conditions particulières héritées des colères

Caractéristiques

BIHOREAU VIOLACÉ : *Nyctanassa violacea* • *Yellow-crowned Night Heron.* Corps gris bleuté, plus élancé que le bihoreau gris ; tête blanche arborant deux larges bandes noires ; aigrettes blanches. **DISTRIBUTION :** le long des côtes de l'extrême sud des États-Unis, du Mexique, de l'Amérique centrale, des Antilles et de la partie nord de l'Amérique du Sud. *Pages 78, 80 (en haut) et 83.*

BIHOREAU GRIS : *Nycticorax nycticorax* • *Black-crowned Night Heron.* Dessus du corps et dessus de la tête noirs ; dessous gris ; face blanche, œil rouge cerise. **DISTRIBUTION :** en Amérique : du sud du Canada à la Terre de Feu ; en Eurasie et en Afrique. *Pages 79, 80 (en bas), 81 et 82.*

de la nature. Des colères qui ont conditionné le long périple de leurs ancêtres, ces premiers occupants de la Terre que les Amérindiens ont mis au sommet de leurs croyances. Malheureusement, depuis des générations, il semble que l'homme moderne tente bien davantage de les mâter que de les comprendre, ces colères.

En quittant La Nouvelle-Orléans, au fur et à mesure que l'avion gagne de l'altitude, nous nous désolons à nouveau en contemplant l'ampleur de la catastrophe, vue du haut des airs. Décidément, dans notre propre périple d'êtres civilisés, ne pourrions-nous pas, à l'occasion, délaisser nos certitudes et nous inspirer des bihoreaux, qui savent la nature et ses lois ? Durant ces quelques jours, ils ont été nos guides...

Les foulques

QUELQUE PART DANS L'HIMALAYA

Au volant de sa jeep aux quatre roues motrices particulièrement agitées, notre chauffeur pousse un long soupir de soulagement : le lac Borith apparaît enfin au dernier tournant du chemin pentu et caillouteux. Juchée à plus de 2600 mètres au-dessus du niveau de la mer, la petite étendue d'eau constitue une autre étape importante de notre long périple sur la route de la soie. Située au nord du Pakistan, cette minuscule nappe d'eau salée par le ruissellement rocheux assure une halte bien méritée aux milliers d'oiseaux qui, au printemps comme à l'automne, réussissent à franchir la plus haute chaîne de la planète, l'Himalaya. Avant de nous quitter, le valeureux conducteur fixe l'heure du retour en insistant sur le fait que le soleil décline très rapidement dans ces lieux magiques.

Une fois seuls, Denise et moi restons un moment éblouis certes par l'effet de l'altitude, mais surtout par la beauté des hauts sommets enneigés. Quel contraste avec les bleus d'un ciel que seul l'air raréfié mais combien pur peut offrir ! J'installe le trépied, puis j'y fixe le puissant 800 millimètres lorsqu'une voix aux accents inconnus nous interpelle. Surpris et passablement inquiet devant mon équipement, le gardien des lieux se rapproche.

UNE AUTRE RENCONTRE AVEC LA WORLD WILDLIFE FUND FOR NATURE

Heureusement, le nouvel arrivant s'exprime en anglais. Il est engagé par la World Wildlife Fund for Nature à titre de protecteur des lieux et de leurs petits pensionnaires. Comme dans bien des contrées, les chasseurs et les braconniers rôdent. Ce passionné nous exprime sa fierté d'appartenir à un organisme planétaire dont l'objectif premier est de préserver un autre précieux sanctuaire sans cesse menacé par la modernité, la cupidité et la faim.

Comme le temps a été plutôt maussade récemment, beaucoup d'oiseaux ont préféré poursuivre leur chemin vers leurs refuges hivernaux, la plupart étant situés en Inde. Le projet n'a cependant pas emporté l'adhésion des dizaines de foulques qui s'ébattent calmement à la surface de l'onde. Soudain, comme

si un mot d'ordre leur avait été lancé, d'un seul élan, elles se mettent toutes à gambader sur l'eau avant d'accélérer leurs battements d'ailes qui les propulsent vers l'autre rive. Des paysans qui ramènent de loin d'énormes bottes de foin en prévision du rude hiver les auront sans doute effarouchées.

Comme nous l'indique le gardien des lieux, on reconnaît les foulques macroules à la tête et au cou noirs surplombant un corps plus pâle. Le front et le bec sont blancs. Les deux sexes sont semblables. Tout au plus peut-on distinguer la femelle par son gabarit plus petit que celui du mâle.

UNE FAMILLE NOMBREUSE

Les membres de cette famille assez nombreuse et très répandue ont pris des habitudes semblables, comme ma compagne et moi avons pu le constater au cours de nos périples à travers la planète. Foulques macroules, foulques d'Amérique, foulques à crête, foulques ardoisées : grégaires et végétariennes, aucune de ces espèces, et surtout les jeunes représentants, ne dédaigne un repas agrémenté d'insectes, de larves, de mollusques et parfois de petits poissons. Chaque plongeon précédé d'un saut plutôt caractéristique se termine brusquement par la sortie d'un petit corps foncé propulsé à la manière d'un bouchon de liège.

Les macroules privilégient les plans d'eau marécageux qui leur permettent de construire un nid bien camouflé au milieu des hautes herbes d'un marais. L'édifice peut être surélevé, advenant une menace d'inondation. Après quelques jours de vie commune, la famille se scinde en deux, une partie des jeunes demeurant au logis avec la mère tandis que les autres rejoignent le

père sur une plate-forme qu'il a lui-même aménagée. D'ailleurs, on peut parfois surprendre un des groupes en balade à travers le marais. Au moindre geste brusque, la panique s'empare de la troupe. Tandis que les ordres parentaux fusent, les jeunes s'éloignent dans une direction opposée et le parent fautif tente d'inciter l'intrus à le poursuivre.

Instruits de tous ces détails par le gardien des lieux, nous retrouvons notre véhicule et son chauffeur. Nous sommes enchantés, mais surtout rassurés de savoir que la World Wildlife Fund veille sur cette énième terre menacée. Par-dessus tout, nous enregistrons dans nos mémoires ces instants d'exception que bien peu de voyageurs ont eu le bonheur de vivre...

Caractéristiques

foulque macroule : *Fulica atra* • *Common Coot.* Tête et cou noirs ; corps noirâtre ardoisé ; œil rouge, plaque frontale et bec blancs ; pattes grises. **distribution :** Eurasie, nord de l'Afrique, Inde, Indonésie et Australie. *Pages 86 (à gauche) et 87.*

foulque d'amérique : *Fulica americana* • *American Coot.* Foulque plus petite que la foulque macroule ; bec blanc orné d'un cercle marron au bout ; plaque frontale presque entièrement marron, œil rouge ; pattes jaunes. **distribution :** Amérique du Nord, Amérique centrale et Antilles. *Page 84.*

foulque à crête : *Fulica cristata* • *Crested Coot.* Foulque un peu plus grosse que la foulque macroule ; elle se distingue par deux boules cornées rouge vif au-dessus de la plaque frontale. **distribution :** est et sud de l'Afrique et Madagascar. *Page 89.*

foulque ardoisée : *Fulica ardesiaca* • *Andean Coot.* Foulque aussi grosse que la foulque à crête ; plaque frontale rouge, bec jaune ; pattes verdâtres. **distribution :** Colombie, Équateur et Pérou. *Page 86 (à droite).*

Lac Borith, au Pakistan. *Page 85.*

UN NID SURÉLEVÉ POUR PARER À TOUTE MENACE D'INONDATION.

La harpie féroce

LE RAPACE LE PLUS PUISSANT AU MONDE

Ferdinand de Lesseps : voilà un autre nom prestigieux dans l'univers des longs périples. Après avoir mené avec brio les opérations d'aménagement du canal de Suez, il s'est attaqué à un rêve né au XVIe siècle, la construction d'un canal qui relierait l'océan Atlantique et l'océan Pacifique en passant à travers l'Amérique centrale, à la hauteur du Panama. Le futur canal de Panama allait ainsi permettre aux navigateurs de gagner énormément de temps et d'éviter le redoutable cap Horn. Toutefois, les intempéries et les terribles maladies qui s'abattaient sur la région ont eu raison des ouvriers et de l'opiniâtreté de Ferdinand de Lesseps. Le canal a finalement été complété en 1914 par les Américains et est resté en leur possession jusqu'en 1999. Rétrocédé aux Panaméens, il conserve encore bien des vestiges de son occupation militaire par les États-Unis.

UN RENDEZ-VOUS INESPÉRÉ

Nous sommes hébergés dans une station de radar panaméenne maintenant transformée en Canopy Tower, une tour qui, juchée au sommet d'une montagne, domine la forêt pluviale. Au fil des jours que nous y passons, les observations fantastiques se multiplient, puis, un matin, une chance rarissime et inespérée nous tombe dessus : un des deux plus gros aigles au monde, l'autre sévissant en Sibérie, nous épie. Espèce extrêmement rare et en voie d'extinction, la harpie féroce demeure pratiquement inconnue des observateurs les plus acharnés. Au mieux quelques heureux peuvent-ils se vanter dans les revues spécialisées d'avoir furtivement aperçu le monstre s'enfuyant au-dessus d'un cours d'eau. Pour notre guide, c'est une première. Il nous rappelle que, après bien des recherches obstinées et des fausses alertes dues au fait que les autochtones confondent de plus petits aigles avec la harpie, un ornithologue de grande réputation, Walter Mancilla, a fini par découvrir un nid en 2005... dans le parc de Manu, en Amazonie. Le phénomène est tellement exceptionnel que le chercheur a fait construire une tour... à bonne distance du rapace. Pour s'y rendre, il faut se munir d'un gilet pare-balles et d'un casque militaire, tellement la bête est redoutable, et pour monter dans la tour, il faut être prêt à déplier quelques billets verts...

DES SERRES PLUS LONGUES QUE LES GRIFFES D'UN GRIZZLI

Alors que l'aigle américain pèse environ 6 kilos, la harpie fait plus de 9 kilos et déploie des ailes de 1,80 mètre à 2,10 mètres d'envergure. Avec des serres de 20 cm – plus longues que les griffes d'un grizzli –, la harpie (en anglais *Harpy Eagle*) tire son nom de la mythologie grecque qui désignait ainsi un monstre volant, un rapace de légende.

La crête noirâtre et blanche hérissée, en alerte, les yeux noirs, menaçants, l'oiseau fixe mon objectif revêtu d'un camouflage qu'il semble confondre avec une de ses proies préférées. Il adore les singes hurleurs, ceux qui tous les matins nous réveillent vers 4 heures en faisant un boucan digne d'un ouragan, et les paresseux, ces volumineux attardés qui lentement déambulent aux sommets des arbres. Il ne dédaigne pas les ratons laveurs ni les chiens de forte taille : avis aux imprudents qui auraient envie de balader pitou sur ses terres... Capable de s'envoler avec des charges de 7 ou 8 kilos, il préfère en déguster une partie sur place afin de réduire les frais de transport jusqu'au nid. L'économie d'énergie, il connaît !

UNE LONGUE DÉPENDANCE PARENTALE

Monogame et uni pour la vie, soit une quarantaine d'années, le couple de harpies entame son cycle de reproduction en commençant par construire un immense nid d'environ 1,2 mètre de hauteur sur 1,5 mètre de largeur au sommet d'un grand arbre, à 30 ou 40 mètres du plancher des vaches. Les futurs parents choisissent un site où les branches sont espacées afin de faciliter leurs envols toujours spectaculaires. La solide charpente nécessite environ 30 mois de labeur : oui, vous avez bien lu, 30 mois. L'architecte est exigeant. D'ailleurs, pour le couple, ces deux années et demie ne constituent que la première phase de construction d'un refuge qui sera réutilisé et amélioré durant de nombreuses autres années. La maman harpie y couve ensuite

Caractéristiques

harpie féroce : *Harpia harpyja* • *Harpy Eagle.* Un des plus gros aigles, très massif. Dessus du corps brun foncé, dessous blanc ; tête grise ornée d'une crête foncée divisée en plusieurs parties ; bande noire très foncée séparant la tête de la poitrine ; longue queue rayée blanc et noir ; gros bec crochu et œil noir. **distribution :** sud du Mexique, Amérique centrale, Brésil, Venezuela et Guyanes.

Canopy Tower. *Page 93 (en bas).*

deux œufs pendant 60 jours, tandis que le paternel part à la chasse et rapporte son butin une fois la semaine. Dès la naissance du premier rejeton, le deuxième œuf est abandonné et dépérit. Si le second poussin réussit tout de même à sortir de sa coquille, il est aussitôt tué par l'aîné.

Le premier envol survient après 150 jours de soins parentaux des plus attentifs. Durant les six ou sept premiers mois, les distances parcourues par le jeune excèdent rarement les 100 mètres, puis, vers l'âge de un an, il apprend graduellement à maîtriser les secrets de la chasse à plus de 80 kilomètres à l'heure entre les arbres.

La vie est rude, mais le gaillard est costaud, tout comme l'étaient les constructeurs de l'imposant canal de Panama qui, depuis près de 100 ans, abrège les longs voyages maritimes. Pacifiée, la zone recycle ses installations militaires. Pour les ornithoguetteurs, cette pratique donne parfois des résultats aussi heureux que la Canopy Tower, qui leur réserve des rencontres inédites avec des voyageurs d'exception.

L'ibis sacré

UN REPRÉSENTANT DES DIEUX DESCENDU SUR TERRE

Le nom de l'ibis sacré nous semble aussi vieux que le monde. Du moins peut-on raisonnablement l'associer aux premières affirmations de l'extraordinaire civilisation égyptienne. À cette époque, le Nil, ce providentiel cours d'eau qui a permis l'éclosion d'une culture si riche, devait sans aucun doute ses origines à quelques divinités célestes.

Au moment des grands débordements du Nil et de la dispersion des alluvions qui régénéraient la fertilité des sols, un grand oiseau robuste, au corps puissant revêtu de plumes blanches – exception faite des accents noirs qu'il porte élégamment à la tête, au cou, au bout des ailes et au bas du dos – surgissait de nulle part. Le moment hautement stratégique de son arrivée ne pouvait correspondre qu'à une autre des nombreuses interventions des dieux protecteurs. Pourquoi se serait-on interdit de croire que ce volatile était tout simplement la réincarnation d'un dieu ?

Il fallait en réalité qu'il s'agisse d'un dieu dont les connaissances et la sagesse étaient immenses pour aussi bien orchestrer une venue si attendue. En fait, nul autre que le dieu Thot lui-même, celui qui était chargé d'écrire au nom des autres – l'inventeur de l'écriture, en somme – une sorte de génie, ne pouvait se présenter ainsi. Par la suite, les dessins et les dépouilles momifiées des ibis retrouvés dans les tombeaux pour accompagner les défunts au cours de leur long périple sont devenus, durant des siècles, des signes tangibles du caractère sacré du visiteur. C'est ainsi que des générations entières ont voué un culte indéfectible au dieu qu'elles représentaient arborant une tête d'ibis.

PUIS LES CHOSES SE DÉTÉRIORENT

Puis, au milieu du XIXe siècle, l'ibis sacré cesse totalement de se rendre en Égypte sans pour autant disparaître des nombreuses régions africaines situées au sud du Sahara. Et, chose doublement surprenante, l'oiseau se rapproche un peu plus des zones habitées pour nicher. On cherche des explications, des

justifications à cet abandon des dieux. Des théories multiples et complexes sont échafaudées, mais en réalité l'oiseau s'est détourné progressivement des lieux qui, une fois modifiés par les hommes, convenaient moins à ses exigences. Car le grand oiseau a besoin d'espaces immenses et ouverts où abondent les zones humides. Il aime se retrouver au sein d'une communauté de quelques dizaines d'individus qui, le soir venu, se dirigent vers un dortoir où ils se joignent à d'autres groupes, finissant par former une grande colonie de plusieurs centaines de congénères qui ensemble refont leurs forces en toute tranquillité. Habituellement situées sur des îles le long des rivières ou du littoral, les troupes reconstituées selon des règles millénaires s'installent au sommet des arbres, ce qui permet aux vigies de veiller plus efficacement à la sécurité des dieux épuisés par leurs tâches célestes. Les déplacements des *Sacred Ibis,* ces êtres costauds, capables de parcourir des distances impressionnantes, sont facilités par leur habitude de voler en formant des V particulièrement aérodynamiques et spectaculaires.

DES SILHOUETTES FACILES À RECONNAÎTRE

En vol, les silhouettes au long bec recourbé sont assez faciles à identifier. De volumineux corps blancs aux pattes et au cou allongés fendent les airs avec leurs amples et rapides battements d'ailes suivis des reposantes séances de vol plané. Arrivés à destination, les couples érigent des nids aux dimensions dignes d'un palais royal. Ce sont des plates-formes faites de branches entremêlées au sommet des arbres qu'ils partagent sans trop de heurts avec des hérons et des aigrettes. S'ils jugent que l'endroit est particulièrement sécuritaire, les couples ne dédaignent pas s'installer à même le sol.

Les deux ou trois petits sont nourris d'insectes, de criquets, de vers, de poissons

et des victuailles que les parents se résignent parfois à récupérer dans les dépotoirs des cités, mais ils doivent à l'occasion affronter de terribles famines. Les vivres venant à manquer, la loi du plus fort s'applique de façon cruelle et seul le plus costaud survit. En cas d'insuccès total, les courageux parents recommencent et entreprennent d'élever une seconde famille. Une famille de gloutons, nous disons-nous, quand nous voyons les jeunes enfoncer profondément leur long bec rectiligne dans la gorge de leurs parents pour les inciter à régurgiter leurs rations même les plus maigres. Avec la maturité, l'appendice des adolescents se recourbera progressivement et prendra la physionomie de celui des adultes.

DES DEMI-DIEUX QUI PARFOIS S'OUBLIENT

Ayant à leur tour acquis le statut de demi-dieux, les nouveaux venus constatent qu'ils ne sont pas toujours bien accueillis, car, de génération en génération, se prenant réellement pour des dominants à qui tout est dû, ils ont adopté au cours de leur évolution la fâcheuse habitude de piller leurs voisins. Ils ciblent les plus fragiles qui redoutent les mouvements intempestifs des poltrons aux dagues redoutables. Même au royaume des dieux descendus du ciel, tout n'est pas parfait...

Caractéristiques

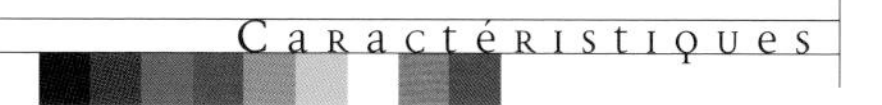

IBIS SACRÉ : *Threskiornis aethiopicus* • *Sacred Ibis.* Gros ibis blanc ; pattes, tête et cou noirs ; bec noir recourbé vers le bas ; plumes ornementales noires au bas du dos. **DISTRIBUTION :** Afrique, Madagascar, Australie et Nouvelle-Guinée.

Ibis et éléphants au Kenya. *Page 95.*

Le grand oiseau a besoin d'espaces immenses et ouverts.

Le merle métallique

DES PLUMES AFRICAINES AUX REFLETS INOUBLIABLES

Le mot « merle » est une dénomination si répandue à travers le monde qu'elle constitue une marque d'identification presque universelle pour un type assez particulier d'oiseau. De nos jours, à peu près tous les continents abritent ce talentueux chanteur aux accents flûtés que, souvent avec raison, mais parfois de façon totalement erronée, les populations locales appellent « merle ».

Quand elle est légitime, cette appellation désigne des oiseaux qui ont parcouru un maximum de kilomètres autour de la planète. Beaucoup ont suivi les grandes routes migratrices avant de s'établir localement, mais un grand nombre a emprunté les voies plus ou moins clandestines de l'importation maritime. Un peu partout, les admirateurs qui s'étaient habitués à voir ces jolis volatiles fréquenter assidûment leur jardin espéraient, en émigrant, reproduire un peu de leur chez-soi à jamais perdu.

UNE TRÈS NOMBREUSE CONFRÉRIE AUX INFLUENCES ÉTONNANTES

Merle d'Amérique, merle européen, merle d'Équateur, merle du Yémen et bien d'autres types de merles se retrouvent maintenant sous plus d'une centaine d'identités différentes, allant du genre le plus commun au spécimen le plus rare. Opportunistes, les merles se sont rapprochés des citadins et leur sont devenus familiers. Ils figurent habituellement en premier sur la liste de noms que les gens aiment décliner avec fierté et assurance lorsqu'on leur demande de mentionner les oiseaux qu'ils connaissent.

Généralement bien acceptés par les populations qui les côtoient, les merles font l'objet de débats visant à faire valoir les qualités et les talents des uns par rapport aux autres : le nôtre est le plus mélodieux, le plus élégant, le plus sympathique, le plus enjoué, répètent des amateurs passionnés. Il serait difficile cependant de déterminer lesquels d'entre eux sont les plus grands connaisseurs de raisins mûrs, puisque, l'automne venu, ils se précipitent tous en hordes vers les meilleurs cépages pour se soûler, au grand désespoir de bien des vignerons. On dit toutefois que, ravis de cette marque d'appréciation, les Bordelais auraient tout simplement baptisé un de leurs crus, le merlot, en l'honneur du merle.

DES ÉCLATS PLUS SPECTACULAIRES LES UNS QUE LES AUTRES

Force nous est de reconnaître que ce sont les Africains qui, sans l'ombre d'un doute, peuvent se vanter de croiser les merles dont les plumes présentent les éclats métalliques les plus spectaculaires. Bien sûr, ces brillances sont sans doute favorisées par l'abondante luminosité d'un continent extrêmement choyé par les ardeurs du soleil. Au final, pas moins d'une trentaine de sous-espèces peuvent revendiquer leur appartenance à cette catégorie d'emplumés qui comptent parmi les plus resplendissants de la création.

Durant toute la journée, mais surtout aux heures plus clémentes du petit matin ou de la fin du jour, de joyeuses bandes de quelques centaines d'individus viendront à tour de rôle se poser sur le sol pour se gaver principalement d'insectes et de graines séchées. Tous iront brièvement vers les rares points d'eau. De mon côté, je profiterai des éclats de cette lumière si africaine pour imprégner ma lentille et ma mémoire de l'infinie beauté des bleus, des verts et des pourpres qui les caractérisent. Sur leurs plumes, les combinaisons de mélanine, de kératine et de carotène n'en finissent plus de moduler les teintes d'une anatomie particulièrement réussie.

DES RÈGLES DE SURVIE À MÉMORISER PARFAITEMENT

Curieusement, aucune distinction n'est décelable entre les mâles et les femelles aux tenues impeccables. Monogames, les couples pratiquent une fidélité de plusieurs saisons, selon les renseignements que nos guides nous ont fournis. Les deux partenaires participent

à la construction du nid habituellement bien camouflé au sein d'une cavité abandonnée par les pics ou dans un refuge artificiel en bois ou en métal laissé vacant.

Dès leur émancipation, les jeunes sont instruits des dangers inhérents aux éclats métalliques de leurs tenues, qui ne manquent jamais d'attirer l'œil des prédateurs affamés. Les lois du nombre, de l'entraide mutuelle et de la cohésion entre les membres d'une bande de plusieurs centaines, voire de plusieurs milliers d'individus aux plumes si flamboyantes, sont essentielles à la survie et doivent être parfaitement mémorisées et appliquées par tous. La moindre distraction entraîne la perte de l'insouciant.

MERLES DE TOUTES LES CONTRÉES

Comptant d'innombrables ancêtres qui ont voyagé dans la cale des navires des importateurs, la vaste famille des merles est maintenant répartie aux quatre coins du monde. Une des forces de ces oiseaux réside dans leur étonnante capacité d'adaptation. Selon leur pays d'adoption, les petits immigrants de plumes sont devenus le merle d'Amérique, le merle européen, le merle d'Équateur, le merle du Yémen et le merle de bien d'autres pays, mais, à mon avis, aucun d'eux ne saurait rivaliser avec la flamboyance du merle métallique d'Afrique...

Caractéristiques

MERLE MÉTALLIQUE À LONGUE QUEUE, OU CHOUCADOR À LONGUE QUEUE : *Lamprotornis caudatus • Long-tailed Glossy Starling.* Tête noire, œil jaune ; corps noir aux reflets métalliques verts et turquoise ; très longue queue aux reflets violacés. **DISTRIBUTION :** Afrique, Mauritanie, Sénégal, Gambie et Tchad. *Pages 102 (à gauche) et 104.*

MERLE MÉTALLIQUE À OREILLONS BLEUS, OU CHOUCADOR À OREILLONS BLEUS : *Lamprotornis chalybaeus • Greater Blue-eared Starling.* Tête aux reflets bleu-vert ornée d'une large bande bleue allant du bec aux oreillons, œil jaune ; corps aux reflets métalliques bleu-vert ; ventre et sous-caudales aux reflets violacés. **DISTRIBUTION :** Afrique, Mauritanie, Sénégal, Guinée, Mali, Côte d'Ivoire, Cameroun et Tchad. *Page 103 (en haut).*

MERLE MÉTALLIQUE À ÉPAULETTES ROUGES, OU CHOUCADOR À ÉPAULETTES ROUGES : *Lamprotornis nitens • Cape Glossy Starling.* Dessus aux reflets métalliques bleu-vert ; tête et dessous aux reflets métalliques violacés ; œil jaune. **DISTRIBUTION :** Afrique du Sud. *Page 101.*

MERLE MÉTALLIQUE SUPERBE, OU CHOUCADOR SUPERBE : *Lamprotornis superbus • Superb Starling.* Dessus aux reflets métalliques bleu-vert ; tête noire, œil blanc ; sous-caudales blanches ; dessous orange foncé ; bande blanche traversant la poitrine et séparant la poitrine du ventre. **DISTRIBUTION :** Afrique, Somalie, Éthiopie, Kenya, Ouganda et Tanzanie. *Pages 102 (à droite) et 103 (en bas).*

Mont Kilimandjaro. *Page 100.*

Des plumes aux éclats métalliques
des plus spectaculaires.

Le motmot

UN OISEAU AUX PLUMES MÉTRONOMES

Au milieu d'une forêt tropicale passablement dense, des cris stridents et mystérieux, mais surtout cadencés, se font entendre. Je m'arrête net, car je sais que ce rythme saccadé et assez mesuré est émis par un des membres de l'insaisissable famille des *Momotidae,* un clan énigmatique et fascinant qui loge dans les forêts touffues de l'Amérique centrale et de l'Amérique du Sud. Beaucoup d'observateurs m'ont exprimé leur frustration d'avoir déjà entendu chanter une de ces splendeurs du monde ailé, mais sans jamais avoir réussi à la contempler. Une ombre de la taille d'un geai au loin se dérobe. Je me rapproche et, au centre d'une grosse branche, j'aperçois un oiseau au plumage particulièrement coloré qui balance deux immenses plumes dont les extrémités se terminent par des raquettes : c'est la fameuse queue du célèbre « motmot métronome » !

IL A INSPIRÉ DE NOMBREUSES LÉGENDES

Mon guide, un Amérindien de la région, connaît bien l'oiseau métronome, mais il insiste surtout pour décrire ce qui distingue cette espèce de toutes les autres : un comportement unique et une physionomie insolite. Outre sa longue queue, le motmot a une silhouette robuste, une tête plutôt volumineuse et un bec légèrement arqué. Quelques-uns de ses traits particuliers ont donné naissance à d'innombrables légendes qui toujours font allusion à sa longue queue dont le balancement méthodique de gauche à droite rappelle les mouvements du métronome, cet instrument que les musiciens utilisent pour donner un rythme plus ou moins rapide à leurs exercices. Si l'on en croit une des rumeurs fabuleuses qui circulent à son sujet, le motmot serait notamment responsable de la découverte du feu par les humains. On raconte qu'au cours d'une éruption volcanique un individu plus curieux que les autres aurait reçu sur la queue un tison ardent qu'il aurait réussi à transporter jusqu'à une tribu. Gravement brûlé, le miraculé n'aurait pu sauver de son panier improvisé que l'extrémité de ses précieuses plumes, dès lors transformées en raquettes.

UNE DIZAINE D'ESPÈCES SEULEMENT

Du plus petit au plus grand, c'est-à-dire du motmot nain qui mesure environ 19 centimètres au motmot montagnard qui atteint les 53 centimètres, la famille compte une dizaine d'espèces. Celui qui nous observe, ou plutôt celui que nous contemplons, c'est le motmot houtouc, le plus répandu. Ses vocalises souvent monotones et ennuyeuses ont poussé les Amérindiens du Brésil à l'appeler « houtouc », pour évoquer son chant intrigant dans leur langue imagée. Un large masque noir appliqué sur une tête bleue et un point noir sur la poitrine, sans oublier la longue queue terminée par des raquettes, permettent de reconnaître le *Momotus momota,* comme l'appellent les scientifiques. À l'instar de beaucoup d'autres oiseaux, la déforestation menace sa survie.

Un peu plus loin, le guide pointe un orifice dans la falaise. C'est l'entrée d'un long couloir qui aboutit à la chambre familiale où deux à cinq petits seront élevés. Chasseur astucieux et amateur d'insectes, le motmot enseigne à ses adolescents affamés les mille et une ruses aptes à satisfaire leur appétit vorace. Une des plus

efficaces consiste à repérer les légendaires et terrifiantes colonnes de fourmis, celles qui font fuir devant elles une foule de bestioles paniquées. Embusqué aux endroits stratégiques, le stratège n'a plus qu'à déguster les fuyards.

Au cours de nos périples, ma compagne et moi allons croiser le motmot à bec large et le motmot roux. Aussi beaux l'un que l'autre, ils s'efforceront de bien reproduire leur habitude de balancer la queue de droite à gauche comme le fait le métronome ou, mieux encore, le pendule qui marque la cadence du temps. Ce mouvement qui par son tic-tac nous emmène inexorablement vers un destin aussi lointain qu'inconnu...

Caractéristiques

motmot roux : *Baryphthengus martii* • *Rufous Motmot.* Très gros motmot avec le dessus du corps vert foncé et une longue queue irisée bleu-violet; poitrine et tête rousses, large masque et large bec noirs. **Distribution :** Amérique centrale, Équateur, Pérou, Colombie et Brésil. *Page 106.*

motmot houtouc : *Momotus momota* • *Blue-crowned Motmot.* Motmot de grosseur moyenne; dos vert, dessous verdâtre; longue queue se terminant par des raquettes; couronne noire entourée de bleu. **Distribution :** Amérique centrale et nord de l'Amérique du Sud. *Pages 107 et 108 (en bas).*

motmot à bec large : *Electron platyrhynchum* • *Broad-billed Motmot.* Semblable au motmot roux, mais beaucoup plus petit; bec très large. **Distribution :** Amérique centrale, bassin nord de l'Amazonie. *Page 108 (en haut, à droite).*

Entrée d'un nid de motmots, en forme de tunnel. *Page 108 (en haut, à gauche).*

Volcan Arenal, au Costa Rica. *Page 109.*

Les oies

QUELQUE PART AU-DESSUS DE LA ROUTE DE LA SOIE

La route de la soie, celle de Marco Polo et de bien d'autres, est une route qui fascine et, encore de nos jours, permet de revivre, du moins en imagination, l'épopée des caravanes qui la parcouraient toujours à une époque pas si lointaine. Ses nombreux itinéraires protègent les énigmes qui la jalonnent et entretiennent discrètement ses légendes.

Après le désert de Gobi, où une tempête de sable nous a démontré que nos pires blizzards sont des instants presque délicats en comparaison des furies d'un sable qui s'infiltre partout, impitoyablement, et répand bien des maux, nous abordons finalement le pays des Kirghiz. Ce peuple de nomades de l'Asie centrale vit encore selon une coutume ancestrale qui l'amène à suivre la nature là où elle assure brièvement sa subsistance et celle de ses troupeaux.

DORMIR DANS UNE YOURTE AVEC LES KIRGHIZ

L'accueil est chaleureux, comme le veut la tradition de ceux qui ne possèdent rien, sauf le bonheur de partager l'immensité des steppes de l'Asie centrale. Nous dormirons dans une de leurs yourtes, les plus belles, prétendent-ils, et c'est exact. Il neige et la nuit sera très froide malgré le petit poêle central qui parviendra à peine à réchauffer tant bien que mal la moitié inférieure de nos corps. Le lendemain, la spectaculaire traversée à cheval sur des sentiers glacés prépare à merveille les moments de grâce des jours suivants. Des heures durant, nous entendrons nos guides murmurer sans s'interrompre les complaintes qui implorent la protection des dieux et rythment la cadence des chameaux, ces bêtes à deux bosses dont l'épaisse fourrure est essentielle dans les déserts de froidure de la Mongolie.

LA TERRE RECÈLE ENCORE BIEN DES MERVEILLES

Nous ne serons jamais véritablement seuls puisque, tout au long de notre épopée, nous croiserons un grand nombre d'espèces animales qui mènent là des existences aussi vagabondes que millénaires. En levant les yeux vers des cieux que seule l'altitude peut rendre aussi limpides, nous voyons de nombreuses volées d'oiseaux qui lancent des cris. Nos guides sont rassurés : les

dieux des montagnes les entendent. Parmi eux, nous apercevons quelques-uns des rapaces qui ont fait la renommée de cette région et des peuples qui la sillonnent, galopant à travers les steppes en portant fièrement sur l'avant-bras un de ces chasseurs apprivoisés.

Nous avons aussi l'occasion de contempler d'émouvantes volées de grandes oies à tête barrée et à cou roux. Elles semblent pressées de fuir leurs régions natales de l'Asie centrale et de la Sibérie bientôt envahies par le froid et la neige. Dans ces terres, la solitude et la tranquillité ont favorisé les amours et surtout la venue des nouvelles générations. Les oies volent à des altitudes qui leur permettent de franchir sans peine, à plus de 15 000 mètres, les sommets les plus élevés de l'Himalaya. À de telles hauteurs, ces exceptionnelles migratrices sont assurées de trouver des courants porteurs qui non seulement leur permettent d'économiser leurs forces, mais procurent à leur vol une plus grande stabilité, contrairement aux conditions que leur réserveraient les courants extrêmement agités des basses altitudes.

EN ROUTE VERS LEURS TERRES D'ACCUEIL HIVERNALES

Elles mettent le cap sur l'Inde ou l'Europe de l'Est, se dirigeant vers leurs terres d'accueil qui autrefois étaient des territoires de chasse aménagés pour le plaisir des souverains et de leurs invités. Heureusement, une série de décisions motivées par le désir de conserver cet héritage ont

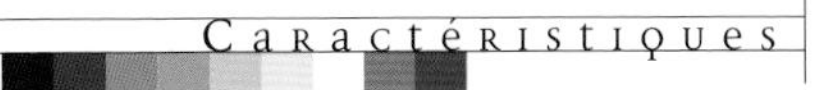

Caractéristiques

oie à tête barrée : *Anser indicus* • *Bar-headed Goose.* Oie grise avec une tête blanche traversée de deux bandes noires ; arrière du cou noir, séparé du devant gris par une bande blanche ; pattes roses. **distribution :** Asie centrale, Mongolie, Chine et Tibet ; hiverne en Inde. *Pages 112 et 115.*

bernache à cou roux : *Branta ruficollis* • *Red-breasted Goose.* Petite oie aux motifs caractéristiques très marqués ; tête, arrière du cou, ventre et dos noirs ; poitrine et côtés de la tête roux, tache blanche à la base du bec. **distribution :** Sibérie, Asie centrale ; hiverne en Europe de l'Est autour de la mer Caspienne. Espèce en déclin. *Pages 110 et 113.*

Yourtes au Kirghizstan. *Page 111.*

progressivement transformé les lieux en d'immenses réserves naturelles.

Grâce à leur vol discipliné, les oies à tête barrée forment des triangles aérodynamiques dirigés par des leaders déterminés qui ont depuis longtemps mémorisé les meilleurs parcours, c'est-à-dire ceux qui évitent les pièges mortels tendus par les chasseurs. On reconnaît les oies de plus de 75 centimètres aux deux bandes noires qui traversent l'arrière de leur tête blanche et leur ont valu le nom d'oies à tête barrée. Elles ont le cou gris foncé, deux bandes longitudinales blanches ainsi que le bec et les pattes orangés.

LES PLUS BELLES

Plus petites, les bernaches à cou roux revendiquent le titre de plus belles parmi les belles. Outre une tête délicate et arrondie, elles ont un plumage noir parsemé de blanc et d'une riche teinte noisette qui les rend irrésistibles ainsi qu'un bec court grâce auquel elles peuvent brouter la moindre petite touffe d'herbe avec aisance. Elles se déplacent en gracieuses bandes affairées à dévorer tout ce qui leur tombe sous le bec.

Habitués au passage de ces grandes voyageuses, les Kirghiz les saluent d'un hochement de tête. Longtemps, longtemps, nous observons les formations de ces as de la migration qui se fondent parmi les sommets enneigés. Bien avant nous, ces pionnières ont tracé des routes souvent ignorées de notre merveilleuse planète bleue.

après une longue errance, la soif de l'autre...

UN MOUVEMENT PERPÉTUEL QUI SEMBLE TOUJOURS EN RETARD

Dans nos contrées nordiques au climat tempéré, le printemps signe le renouveau de la vie extérieure. On assiste alors à un prodigieux réveil de la nature et de ses habitants. En quelques jours, tout explose et reverdit, tandis que des hordes de clients se bousculent aussi massivement chez les pépiniéristes qu'aux terrasses des restaurants. C'est la fête, quoi !

De tous les horizons, de nouveaux invités s'ajoutent aux habitués qui surgissent dans nos jardins, nos villes et nos campagnes. Avant de se montrer le bout du bec, ils se donnent la peine de revêtir leurs plumes les plus resplendissantes et de moduler leurs plus jolis chants. Des milliers d'autres se rassemblent, comme les oies des neiges, et offrent des spectacles qui font accourir les foules.

UN COMPORTEMENT INUSITÉ ET INTRIGANT

Parmi les centaines d'espèces qui les suivent ou souvent les précèdent sans qu'on leur prête autant d'attention, on retrouve un petit oiseau tout jaune au comportement pour le moins inhabituel et intrigant. La paruline jaune – ou *Yellow Warbler,* pour ses intimes anglophones – est un petit être de 12 à 13 centimètres de longueur. Très active, continuellement en mouvement, elle demeure cependant facile à trouver et à identifier, puisqu'elle est répandue dans tout le Québec méridional.

Cette petite paruline énergique parcourt de longues distances depuis le Mexique, le Pérou et même le lointain Brésil pour s'installer dans les fourrés humides, le long de nos routes et de nos champs. Agitée, elle donne l'impression d'être toujours en retard : il semble que tout soit urgent pour elle.

Plus pressés que le printemps lui-même ou anxieux d'annoncer la belle saison, les mâles – qui, au temps des amours, sont reconnaissables à leurs bandes rougeâtres sur la poitrine – arrivent habituellement vers la mi-avril, suivis quelques jours plus tard de leurs compagnes à la poitrine d'un jaune vif uniforme. Les retrouvailles doivent être brèves, car les duos se montrent tout de suite affairés. Monsieur semble plus préoccupé par l'urgence d'affirmer ses droits de propriété sur son lopin de terre favori, tandis que madame est motivée par la nécessité de construire le nid.

UNE PERFECTIONNISTE

Mais quel nid ! Perfectionniste, la future maman réalise une des plus belles habitations qui soient dans le monde de la faune ailée. Pressée par le temps, elle doit terminer le gros œuvre en deux jours afin de consacrer les deux jours suivants à en parfaire la finition. Seuls les matériaux de toute première qualité ont sa faveur, avec une nette préférence pour les fibres de couleur pâle, idéalement blanches et cotonneuses. Pour adoucir la couche où reposeront les oisillons, la paruline jaune n'hésite pas à dérober la soie du nid de ses voisines de palier, les chenilles.

Durant cette phase critique de l'installation, le futur papa chante pour s'assurer que personne ne vient les perturber et chasse le moindre intrus à grands coups d'invectives et d'envolées hostiles. Convaincu d'être le seul propriétaire des lieux, il accompagne la décoratrice dans ses déplacements pour aller cueillir les matériaux. Des tchip-tchip d'encouragement sont continuellement échangés entre eux. Qu'on se le dise : le chant et le dialogue constituent des éléments essentiels de la vie de couple des parulines jaunes !

ÊTRE RAPIDEMENT PRÊT AU DÉPART

Les étapes se succèdent ensuite rondement. Nourris d'insectes, de larves et, en saison, de baies charnues, les deux à six petits croissent rapidement, tous au même rythme. Ils ressemblent bientôt à leur mère, malgré des plumes un peu plus ternes, d'un jaune moins éclatant et plus pastel.

À peine les jeunes ont-ils gagné un peu de maturité et de force pour le long voyage de retour que les parulines jaunes se

Caractéristiques

PARULINE JAUNE : *Dendroica petechia* • *Yellow Warbler.* Petit oiseau jaune très actif et mobile ; bec fin et allongé caractéristique des insectivores ; poitrine striée de marron chez le mâle. **DISTRIBUTION :** Amérique du Nord, Amérique centrale, Antilles, Pérou et Brésil.

Paysage d'Amérique du Sud, au Brésil. *Page 119 (en haut).*

rassemblent en bandes impressionnantes et, sans la moindre hésitation, nous quittent dès le début de juillet. En plein été, on peut les observer dans le sud des États-Unis. Elles sont en route vers l'Amérique centrale et l'Amérique du Sud. Là-bas, elles passeront neuf longs mois sur leur territoire hivernal, à chanter la joie et les plaisirs des saisons chaudes. Les mâles, bien sûr, défendront de nouveau leurs petits lopins du Sud. Ainsi le veut la tradition chez les parulines jaunes, jadis mieux connues sous l'appellation de « fauvettes jaunes ».

Parulines ou fauvettes, toujours elles semblent pressées. Est-ce la symbolique du jaune dans nos sociétés qui les a rendues si craintives ? La couleur du fanion d'alerte à la peste, celle de l'étoile de l'antisémitisme et du maillot vainqueur a-t-elle influencé ces grandes voyageuses au point de les transformer au Nord comme au Sud en de perpétuelles agitées ?

La paruline masquée

MASQUE DE FÊTE, DE CARNAVAL OU DE SÉDUCTION, ELLE ENTRETIENT L'ÉNIGME

Sur les murs de notre salle de séjour s'alignent des masques qui ont beaucoup voyagé. Voilà bien des années, voire des décennies qu'ils ont quitté la case exiguë d'un sorcier africain, la jungle d'un chaman vivant sur une île perdue au milieu des océans, la tente sombre d'un puissant Touareg du désert ou le bazar d'une lointaine contrée d'Asie pour se retrouver dans cette pièce de tous les souvenirs où, à tout moment, comme une mémoire suspendue, ils nous font encore si bien voyager.

PAR LA MAGIE DES MASQUES

Grâce à leur magie, nous nous retrouvons là où les masques nous sont apparus pour la première fois. Ils étaient l'esprit des ancêtres et assuraient le lien entre les générations pour préserver les traditions, transmettre les coutumes et les croyances. Ils ont marqué bien des rythmes de la vie si riche des êtres qui les portaient. Ils ont présidé à l'initiation des jeunes qui accédaient au monde des adultes. Ils étaient l'essence, l'âme de bien des peuples aujourd'hui oubliés.

Cependant, les humains ne sont pas les seuls à aimer se réfugier derrière la métamorphose provisoire qu'offre le masque. Ainsi, par exemple, sans doute intrigué par d'étranges figures, un petit oiseau jaune a décidé de jouer un nouveau rôle sur la scène buissonnière. Il a modifié sa personnalité et est devenu une énigme masquée.

UN DES RÔLES DE SA VIE

Seul le mâle porte ce masque qui l'amène, au temps des amours, à incarner un des plus importants personnages de sa vie : le grand séducteur. Il cabriole et s'élève de plusieurs mètres, le corps tout arqué, puis il plane en lançant une sérénade de notes entremêlées. Ce chant d'extase vise bien sûr à charmer sa dulcinée, mais, en d'autres circonstances, il sert également à consolider ses droits territoriaux ou à déclencher une alerte

pour prévenir l'arrivée d'un prédateur. Peu enclin au partage territorial, cette sonorité bien particulière à écouter à toute heure du jour et parfois même de la nuit, le mâle masqué la lance dès son arrivée au début de mai. Fier de sa performance, l'acteur demeure toutefois modeste et profite d'un entracte pour regagner la végétation touffue, son refuge, sa loge.

UNE NORD-AMÉRICAINE AU MASQUE NUPTIAL UNIQUE

Adepte des milieux humides et ombrageux, la paruline masquée préfère les habitats faciles d'accès, les marais, les champs en friche, les pâturages, les boisés, les bordures de chemins de campagne, les cours d'eau et les lacs. Elle niche dans toute

l'Amérique du Nord, mais en été elle dépasse rarement le 52e parallèle Nord. Petite favorite des Américains, la *Common Yellowthroat* hiverne au sud des États-Unis et en Amérique centrale jusqu'au Panama. Elle peut même s'offrir à l'occasion quelques semaines de vacances aux Antilles avant de nous revenir au printemps.

Unique en son genre et réservé à la dynastie masculine, elle porte un masque nuptial noir finement liséré de gris qui lui recouvre le front et les côtés de la tête. L'automne venu, cet accessoire d'apparat vire entièrement au gris. Masque du vedettariat ou de l'anonymat, il apparaît dans des circonstances imprécises, à l'instar des masques de notre précieuse collection.

MASQUES DE FÊTE, DE CARNAVAL OU DE SÉDUCTION

Qu'elles soient en peau d'antilope, en bois tendre et léger ou en laiton, qu'on les ait ornées de pierres précieuses, de résines ou de tissus délicats, encore aujourd'hui ces figures empruntées continuent de jalonner l'itinéraire des sociétés et des individus. Elles sont leurs créations, elles envahissent leurs fêtes, leurs carnavals et leurs scènes, où ils s'assemblent pour rire ou pleurer. Elles sont les mille visages du somptueux cortège de leur évolution. Se pourrait-il qu'au passage un de ces esprits ait succombé au charme d'une petite paruline des bosquets et qu'il soit demeuré prisonnier derrière son masque ?

CARACTÉRISTIQUES

PARULINE MASQUÉE : *Geothlypis trichas* • *Common Yellowthroat.* Large masque noir qui rend l'oiseau unique ; gorge jaune, dos verdâtre ; la femelle est plus terne et dépourvue de masque. **DISTRIBUTION :** Amérique du Nord, Amérique centrale.

Jardin montréalais. *Page 121.*

un chevalier masqué
et son irrésistible offrande.

Quelque part au centre de l'Europe, deux gros porteurs attendent l'ordre de décollage. Ils doivent être patients, car ils sont parmi les oiseaux les plus lourds à pouvoir s'élever dans les airs. Depuis plusieurs semaines, ils se sont préparés au long voyage en s'empiffrant de poissons. Lui, reconnaissable à sa huppe, atteint la charge maximale de 15 kilos, tandis qu'elle, un peu plus raisonnable, ne dépasse pas les 10 kilos.

En compagnie de leurs amis, ils espèrent qu'en ce jour nouveau le soleil sera assez puissant pour créer les indispensables courants chauds ascendants qui, comme d'immenses tapis roulants, les porteront à quelques milliers de kilomètres plus au sud. Le temps presse, car les jours deviennent de plus en plus frisquets. L'hiver ne saurait tarder.

DES VOYAGEURS DISCIPLINÉS

Ils auront beau courir et battre des ailes de toutes leurs forces, sans les puissants ascenseurs aériens inventés par la nature, ils devront rapidement se poser ou, pire, rebrousser chemin. À une vitesse moyenne de 40 à 50 kilomètres à l'heure, ils espèrent ainsi parcourir environ 500 kilomètres par jour. Comme c'est la règle dans les escadrons les plus disciplinés, ils laissent au leader le soin de rythmer la cadence des battements d'ailes suivis de longues et combien reposantes glissades en vol plané. Le cou replié sur les épaules, leur immense bec pointé vers l'avant et leurs pattes rosées allongées sous la courte queue donnent à leur silhouette une allure facile à repérer et à identifier.

Les pélicans blancs désignent un leader d'expérience, car leur route est parsemée d'embûches. En plus de survoler la Méditerranée, les volées doivent traverser l'impitoyable désert du Sahara sans espoir de se poser, tellement les sables sont brûlants. Une escale au pays de la soif signifierait à coup sûr une mort des plus atroces.

QUELQUE PART ENTRE LA MAURITANIE ET LE SÉNÉGAL

Nous allons les rejoindre beaucoup plus tard dans la troisième réserve ornithologique mondiale : le Djoudj. Situés à proximité de la frontière entre la Mauritanie et le Sénégal, des lacs, des marais ainsi que des étangs entourés de bosquets et de savane boisée offrent à plus de trois millions d'oiseaux un havre de paix où abonde une nourriture de première qualité. Déclaré patrimoine mondial par l'Unesco en 1971, le parc accueille une faune bigarrée et animée. En compagnie de nos guides, des Wolofs au physique imposant, nous voguons dans une pirogue, arpentant les méandres d'un cours d'eau appelé Djoudj qui, toute l'année durant, alimente le magnifique fleuve Sénégal.

DES GARDERIES BIEN ORGANISÉES

Un immense murmure ressemblant plutôt à un grognement sourd annonce la présence de milliers de couples de pélicans blancs. Selon les experts qui nous accompagnent, il y aurait là plus de 5000 nids. Bien que la saison soit passablement avancée, on peut encore distinguer des jeunes aux plumes foncées. Beaucoup ont atteint l'âge de quatre semaines et vont à la garderie, où de vigilantes protectrices les instruisent des secrets de la vie et surtout les incitent à se méfier des dangereux et inévitables prédateurs qui rôdent.

De leur côté, les parents au plumage entièrement blanc laissent apparaître de bien belles bandes noires au-dessous des ailes qu'ils dressent au cours de leurs gracieux ballets de pêche collective. Côte à côte, au moins une dizaine d'individus

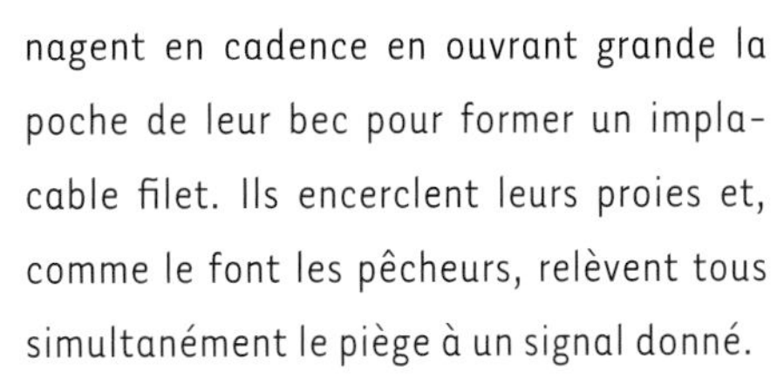

nagent en cadence en ouvrant grande la poche de leur bec pour former un implacable filet. Ils encerclent leurs proies et, comme le font les pêcheurs, relèvent tous simultanément le piège à un signal donné.

DES SACS À PROVISIONS RECYCLABLES

Son immense sac à provisions recyclable peut contenir jusqu'à 13 litres d'eau qu'il filtre pour retenir l'impressionnante masse de 4 kilos de poissons. Pour combler ses propres besoins, chaque adulte doit ingérer de 1 à 1,5 kilo de nourriture par jour. Par la suite, il concocte une soupe de poissons qu'il distribue à ses petits. Lors de ces instants privilégiés, on peut discerner les magnifiques couleurs nuptiales du bec, où s'harmonisent l'orangé, le bleu et le jaune.

Après 70 jours, les jeunes désormais aptes à voler pourront reprendre le long et dangereux périple qui ramènera une partie de ces grands voyageurs en Europe. À l'encontre de plusieurs de leurs homonymes, qui plongent pour capturer leurs proies, les pélicans immaculés ont ajouté à leur danse collective une élégance qui offre aux amateurs des moments de grâce dignes des plus grandes troupes de ballet.

Caractéristiques

PÉLICAN BLANC : *Pelecanus onocrotalus* • *Great white Pelican.* Corps entièrement blanc, bout des ailes noir ; long bec dont la mandibule inférieure est munie d'une poche de peau nue bien visible ; mandibule supérieure arborant des tons de bleu et de rose ; queue courte. **DISTRIBUTION :** de l'Europe de l'Est à la Mongolie ; hiverne en Afrique et en Inde.

Le Djoudj, au coucher de soleil. *Page 127.*

avant de refermer son bec orangé, bleu et jaune,
un fier pêcheur exhibe sa prise.

Le pétrel de Wilson

IMITATEUR D'UN APÔTRE, IL MARCHE SUR LES FLOTS

Beaucoup de sous-groupes ailés se cachent derrière l'énigmatique nom de « pétrel ». Cependant, seuls quelques rares navigateurs et de rarissimes terriens peuvent se vanter de l'avoir reconnu, mais surtout d'avoir observé l'étrange façon dont il se déplace sur les flots. Les spécialistes distinguent deux grandes familles de pétrels : les océanites et les hydrobatinés, tandis que, de façon plus sommaire, les amateurs parlent de ceux qui habitent dans l'hémisphère Nord ou de ceux qui préfèrent l'hémisphère Sud.

Grand amateur de liberté absolue, le pétrel de Wilson, ou océanite de Wilson, mène une existence des plus secrètes parmi la faune aviaire, loin des terres, le plus souvent au milieu des vastes océans. Il a longtemps déjoué les premiers explorateurs qui, à sa vue, croyaient qu'ils allaient bientôt toucher terre. Le capitaine Cook figure parmi les plus célèbres et non les moindres des navigateurs mystifiés. Dans ses récits de voyages, le grand découvreur fait état de ces méprises qui le déconcertaient.

PAS DE REJETONS CETTE ANNÉE

En mer, tels les membres d'un convoi circulant en temps de guerre, les pétrels semblent respecter un mot d'ordre qui leur impose le silence perpétuel, parfois brièvement interrompu par des petits cris de reconnaissance mutuelle. Une fois l'an, ils consentent habituellement à faire un séjour éphémère sur une île lorsque l'arrivée d'une nouvelle génération se fait pressante. Cependant, certaines années, ces oiseaux aux mœurs hors normes peuvent, pour des raisons mystérieuses, oublier de retourner se reproduire sur terre. « Cette année, les conditions ne sont pas favorables à la venue des petits, semblent-ils décréter, et nous devons reporter nos projets à plus tard. » En d'autres temps, le moment du retour à la caverne nuptiale s'accomplit en silence et dans la clandestinité afin d'assurer la plus grande discrétion au couple, mais surtout pour favoriser la survie d'une progéniture sans cesse épiée par une multitude de prédateurs.

Après avoir servi de refuges à d'innombrables flibustiers au cours des siècles, ces îles isolées ont ensuite acquis une réputation de repaires inhospitaliers à cause des rapaces ailés qui sont toujours prêts à fondre sur leurs victimes. Mentionnons à titre d'exemple les légendaires frégates, les goélands agressifs, mais surtout les furtifs et combien vicieux labbes.

VOYAGER DE NUIT ET DANS LE BROUILLARD ÉPAIS

La plupart des pétrels océanites ont une prédilection pour les périples nocturnes. C'est souvent par les nuits les plus sombres, surtout lorsque le brouillard se fait particulièrement dense, que des petits groupes discrets choisissent de regagner leurs terres natales. Au moindre reflet de la lune ou des étoiles, toutefois, ils annulent leur départ. Une fois arrivés à destination, les couples se précipitent au plus profond des crevasses pour n'en ressortir que la nuit suivante.

Fins connaisseurs, les oisillons adorent le plancton, les petits crustacés, les poissons et les calmars.

UN NOM EMPRUNTÉ À SAINT-PIERRE

Alors que nous sommes occupés à observer les pétrels, un heureux hasard nous révèle le secret de leur énigmatique appellation. Nous apercevons en effet les parents, qui, à l'instar de l'apôtre Pierre, marchent littéralement sur les flots. Juchés sur leurs longues pattes, ils se déplacent en sautillant. Leurs mouvements ont la grâce des élégants patineurs sur glace et sont ponctués de figures aussi complexes que des sautillements latéraux, des saltos arrière et des doubles piqués. Les ailes ouvertes, ils font face au vent pour maintenir leur équilibre, les pieds toujours solidement arrimés aux vagues comme s'ils étaient retenus par une ancre. Une telle chorégraphie n'est pas sans attirer l'attention des gloutons des ondes, ces poissons voraces qui, croyant flairer la bonne affaire, se retrouvent souvent avec une bien frêle patte dans la gueule, au lieu du copieux repas qu'ils espéraient.

SUIVRE LES PETITS BATEAUX DES GALÁPAGOS

Mais pour les maîtres de la glisse et de l'élégance sur mer que sont les pétrels, se retrouver subitement unijambistes est une véritable catastrophe. Nous apercevons quelques-uns de ces éclopés au milieu de leurs semblables. Plus opportunistes ou débrouillards, ils suivent les cétacés ou les petits bateaux qui, comme le nôtre, se délestent de quelques restes de table ou les « oublient » à proximité des Galápagos. De mon côté, ravi, je réussis ces clichés relativement exceptionnels des pétrels océanites de Wilson gambadant sur les flots comme l'apôtre Pierre.

Caractéristiques

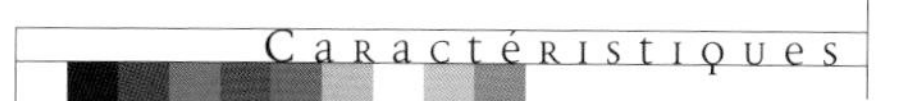

OCÉANITE DE WILSON (aussi appelé pétrel océanite ou pétrel de Wilson) : *Oceanites oceanicus* • *Wilson's Storm-petrel.* Oiseau tout brun portant une large bande blanche sur le croupion et la queue ; pattes relativement longues ; pieds palmés. **DISTRIBUTION :** mers et océans du globe.

Bateaux d'excursion aux Galápagos. *Page 133.*

Le PHAÉTON

DES VOLTIGES AÉRIENNES D'UNE RARE ÉLÉGANCE

Le phaéton, du nom d'un demi-dieu grec, est un élégant oiseau blanc qui, en compagnie du sexe opposé, passe l'essentiel de ses moments de loisir à se laisser gracieusement porter par les vents chauds des océans tropicaux et subtropicaux. Phaéton à bec rouge, phaéton à bec jaune ou phaéton à brins rouges, les trois principaux membres de cette famille se caractérisent par deux immenses plumes qui prolongent leur courte queue.

Ce sont d'ailleurs ces plumes parfois plus longues que l'oiseau lui-même qui, lorsqu'elles sont bercées par la brise, s'animent d'ondulations langoureuses aux rythmes lascifs et lui ont valu l'appellation plus familière de « paille-en-queue ». Très expressives, elles donnent de l'élégance aux impressionnantes et bruyantes voltiges acrobatiques dont le phaéton enrichit ses fréquentations amoureuses. En fait, son ballet aérien est si parfaitement synchronisé et d'une beauté si magique que, témoins de son extraordinaire maîtrise des airs, bien des marins ont cru, l'espace d'un instant, qu'ils avaient découvert un coin de paradis. À ce jour, aucune autre espèce n'a réussi à se rapprocher du raffinement et de la maîtrise de ce spectacle aérien si complexe et subtil, d'une splendeur comme seule la nature sait parfois en composer.

UNE VIE CONSACRÉE AU BALLET AÉRIEN

Les couples, habituellement monogames et unis pour plusieurs années, écoulent la majeure partie de leur vie en haute mer. On parle ici d'une espérance de vie d'une quinzaine d'années en moyenne, mais certains phaétons peuvent atteindre l'âge vénérable de 30 ans. Seuls, maîtres du ciel et de la mer, ils répètent inlassablement les figures qui rapprochent les couples et qui les ont rendus si célèbres. Ils reviennent sur terre habituellement une fois l'an pour se reproduire ; si les conditions alimentaires sont particulièrement avantageuses, ce retour peut s'effectuer à n'importe quel moment de l'année. Ils choisissent des îles isolées, mais surtout à l'abri des habituels compagnons des hommes et des navires : les chats et les rats. Timides, ces oiseaux ont appris à fuir les endroits où leur seul et unique rejeton pourrait être menacé.

Seule la complicité d'un guide nous permettra d'épier un peu leur intimité. Le nid situé dans la crevasse d'une falaise inaccessible ressemble à une cuvette qu'on retrouve parfois camouflée sous un arbuste protégeant le jeune des ardeurs solaires et des importuns. Trop courtes et fixées un peu trop loin à l'arrière du corps, les pattes du phaéton rendent sa démarche plutôt clownesque. Cette infirmité toute relative au pays de l'élégance l'amène à installer son logis au voisinage des précipices, une astuce qui le fait profiter de la poussée constante des vents des falaises lorsqu'il déploie ses immenses ailes pointues pour redevenir l'ange envié de tous.

UN OISEAU FRIAND DE POISSONS VOLANTS

De la grosseur du pigeon, les *Tropicbirds* arborent, au-dessus d'un bec plutôt volumineux et long, deux jolies narines qui les démarquent un peu plus des oiseaux ordinaires. Souvent, tandis que l'un des parents assure la couvaison durant près d'un mois et demi, l'autre doit parcourir de longues distances en haute mer afin de ramener les poissons peu abondants sous les latitudes où ils nichent. Parfois le parent conscrit à la maison peut patienter jusqu'à une quinzaine de jours avant d'être finalement ravitaillé. Ces as de la voltige apprécient particulièrement la chair tendre du calmar, mais ils sont extrêmement friands des petits poissons volants, dont la capture nécessite une grande maîtrise du vol au ras des flots. En cas de disette, les fins gourmets se rabattent sur d'autres espèces qu'ils capturent en plongeant à la manière des sternes.

DES ANGES DESCENDUS DU CIEL

À sa naissance, le petit phaéton est recouvert d'un épais et soyeux duvet qui le camoufle adéquatement, assurant la tranquillité d'esprit aux parents durant leurs absences. Celles-ci se prolongent de plus en plus, jusqu'à ce que l'adolescent comprenne finalement vers l'âge de trois mois qu'il est grand temps de voler de ses propres ailes. Il se joint alors au groupe des oiseaux pélagiques, ces êtres capables de poursuivre la majorité de leur existence en haute mer.

Ils croisent parfois un voilier solitaire dont ils se rapprochent par curiosité et, à l'occasion, gratifient le capitaine d'un de ces instants de grâce qui nous font croire que les anges sont descendus du ciel.

Caractéristiques

PHAÉTON À BEC ROUGE, OU PAILLE-EN-QUEUE À BEC ROUGE : *Phaethon aethereus* • *Red-billed Tropicbird.* C'est le plus gros des phaétons ; dessus blanc, rayures noires sur le dos et la queue, bout des ailes noir, longues caudales blanches qui le caractérisent ; bec rouge, grand sourcil noir. **DISTRIBUTION :** dispersé en petites colonies dans les îles océaniques, au niveau de l'équateur. *Pages 137 et 138.*

PHAÉTON À BRINS ROUGES, OU PAILLE-EN-QUEUE À BRINS ROUGES : *Phaethon rubricauda* • *Red-tailed Tropicbird.* Plus petit que le phaéton à bec rouge ; presque entièrement blanc, quelques traits noirs au bout des ailes ; longues caudales rouges caractéristiques ; bec rouge, grand sourcil noir. **DISTRIBUTION :** c'est l'espèce la plus pélagique, c'est-à-dire qui reste le plus longtemps en mer ; océan Indien et Pacifique Sud. *Page 139.*

Île Nosy Ve, à Madagascar. *Page 136.*

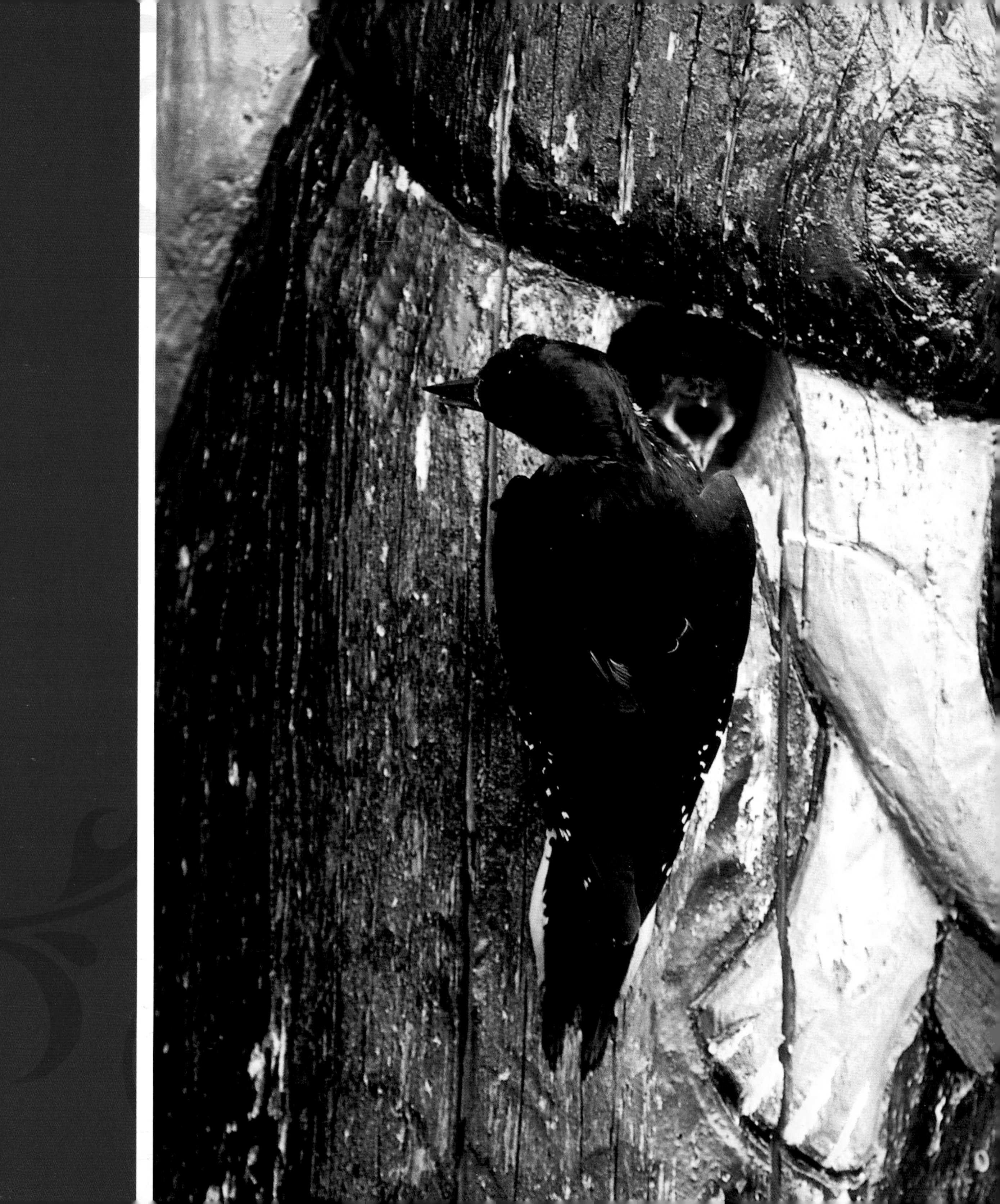

Au carrefour d'une petite route du Québec se dresse un totem surplombé par l'aigle mythique des Haïdas. Il a beaucoup voyagé, cet «arbre de vie», puisqu'il est parti de l'Ouest canadien pour venir au Québec nous raconter une des innombrables légendes d'un peuple qui en a sculpté beaucoup d'autres comme lui, à même les géants de ses forêts. Selon les croyances des Haïdas, d'un simple battement d'ailes, l'oiseau ferait retentir le tonnerre puis, d'un clignement de l'œil, allumerait l'éclair avant de déverser la pluie qu'il porte sur le dos.

En dessous de l'oiseau-tonnerre, un renard à la crinière enflammée symbolise l'agilité et la diplomatie, tandis qu'avec ses incisives bien en vue un castor évoque la ruse apprise des anciens et des chamans. C'est l'ours, chasseur habile mais surtout grand sage et protecteur des peuples autochtones, qui fait office de socle, tenant la tortue bien serrée contre son ventre. La tortue aurait présidé à la création du monde. Sa lenteur, sa pondération et sa ténacité sont une source d'inspiration pour les Haïdas. Elle les guide depuis des millénaires et symbolise la santé à leurs yeux. Voilà pourquoi l'ours ne veut pas la laisser partir.

ENTRE L'OURS ET LA TORTUE

En me rapprochant du totem, je constate qu'un couple de pics à dos noir a élu domicile au point de rencontre de la patte de l'ours et de la patte de la tortue. Papa et maman pics parviennent difficilement à apaiser durant quelques minutes les appels de leurs quatre ou cinq affamés qui piaillent à qui mieux mieux. Leurs incessantes allées et venues les amènent invariablement vers l'ouest, là où le feu a ravagé de nombreux hectares de forêt voilà quelques années.

LE CHARPENTIER DE L'ENFER

Le pic à dos noir, qui répond au nom scientifique de *Picoides arcticus* et a été surnommé le «charpentier de l'enfer», est un

grand amateur de brûlis. Aussi succède-t-il rapidement aux premiers insectes recycleurs des forêts dévastées, les longicornes noirs qui, tout de suite après le départ des pompiers ou presque, se précipitent pour pondre des myriades d'œufs dans les arbres, sous l'écorce que la chaleur a fragilisée et soulevée. Les délicieuses larves gorgées de protéines qui en sortiront vont, au cours des deux années suivantes, creuser d'innombrables galeries dans le bois attendri. Quelle aubaine pour un pic en mal de friandises croquantes, surtout lorsqu'il doit subvenir aux besoins de quelques rejetons en pleine croissance ! Il aime tellement cet environnement qu'il en a fait sa spécialité et n'hésite jamais à fréquenter de nouvelles étendues forestières fraîchement incendiées.

UNE BIEN CURIEUSE FAÇON DE SE SERVIR

Un tantinet capricieux, le *Black-backed Woodpecker* a la réputation de peler les troncs d'arbres et de laisser les branches intactes. Dans un brûlis, une zone de troncs dénudés et de branches encore recouvertes de leur écorce signale habituellement sa présence. Avis aux curieux ! La distance à parcourir n'a pas vraiment d'importance, puisque le fin gourmet recherche la qualité et l'abondance d'un buffet hors normes. Le malheur des uns ne fait-il pas souvent le bonheur des autres ?

Monogame et plutôt sédentaire, le couple de pics à dos noir défend avec acharnement son territoire, surtout là où les conifères abondent. Toutefois, sans doute influencé par la beauté du totem et le prestige de cette habitation de luxe, le duo a signé un bail à long terme, au dire du propriétaire. On pourrait croire que, loin de s'en plaindre, l'ours et la tortue sont même enchantés d'héberger des invités assez peu familiers et dont la présence insolite attire l'attention des curieux.

Est-il bien sage, toutefois, de laisser une famille de pics à dos noir réveiller les entrailles d'un oiseau-tonnerre capable de déclencher à tout instant la foudre et l'éclair tant redoutés des Haïdas ? C'est une histoire à suivre...

Caractéristiques

PIC À DOS NOIR : *Picoides arcticus* • *Black-backed Woodpecker.* Tête, dos et queue noirs ; mince rayure blanche sur le côté de la tête, large rayure blanche sous les yeux ; dessous blanc ; flancs marqués de bandes noires ; présence de trois doigts au lieu des quatre doigts usuels ; tache jaune au sommet de la tête du mâle. **DISTRIBUTION :** Canada et États-Unis.

Totem des Haïdas. *Page 141.*

Le pygargue à tête blanche

L'EMBLÈME AVIAIRE DES ÉTATS-UNIS

Devenir l'emblème d'un pays, le symbole d'une contrée, c'est une désignation importante qui parfois propulse l'élu plus loin qu'on l'avait espéré. Ainsi en est-il du pygargue à tête blanche qui, génération après génération, a inspiré d'innombrables fables et contes aux nations amérindiennes de l'Amérique du Nord. Puissant et majestueux, redouté de tous, il régnait dans le ciel et les esprits nord-américains depuis des temps immémoriaux. Il occupait le sommet des totems, ses plumes ornaient les coiffes des plus grands chefs et toujours il présidait aux cérémonies les plus modestes comme aux plus grandioses. La grande influence de cet être racé et honoré ainsi que la richesse mythologique associée à son pouvoir allaient grandement impressionner les premiers arrivants blancs. L'impact a été si fort qu'en 1782 le pays qui devait par la suite dominer le monde faisait du pygargue à tête blanche son emblème national.

UN CHOIX LOIN DE FAIRE L'UNANIMITÉ

Mais, à l'instar de bien des dominants, cet aigle était loin de faire l'unanimité. Plusieurs s'opposaient à la reconnaissance de cet oiseau qu'ils considéraient souvent comme fourbe et malveillant. Parmi les plus convaincus, on retrouvait le président lui-même, Benjamin Franklin. En termes virulents, il reprochait notamment au rapace son caractère particulièrement ombrageux et sa vilaine tendance à vivre aux dépens de plus habile que lui. En somme, il lui pardonnait mal un certain despotisme. Comme plusieurs autres observateurs, le président avait vu ce piètre pêcheur confortablement installé au sommet d'un géant des forêts, attendant le retour de l'efficace balbuzard pêcheur. Menaçant, agressif, le pygargue poursuivait le balbuzard, l'attaquait et, avec ses serres tranchantes, confisquait *manu militari* les poissons que le valeureux parent destinait à ses oisillons.

UNE OCCASION RÊVÉE DE L'OBSERVER DE PLUS PRÈS

C'est donc imprégné de toutes ces notions contradictoires que je me suis envolé au début de l'hiver vers une des plus spectaculaires

régions de la Colombie-Britannique. Habilement ciselé il y a plus de 5000 ans par le retrait des glaciers, le fjord de la rivière Squamish offre au visiteur de bien beaux paysages, même par mauvais temps. Son nom aurait été emprunté à la tribu des Sko-Mish, qui vivaient dans «ce lieu de la naissance des vents», mais c'était il y a plus de 3000 ans. La Squamish, qui sillonne une forêt pluviale, porte bien son nom : sur ses rives, il neige, il pleut et il fait plutôt froid.

Annuellement, selon un rythme millénaire, des milliers de saumons du Pacifique retrouvent le chemin, en route vers leur destin tragique. Courageusement, ils remontent les rapides pour transmettre la vie avant de mourir, car ainsi en a décidé la nature. Au même moment, les pygargues à tête blanche et quelques autres rapaces accourent de toute la côte ouest américaine pour s'offrir un festin de saumons. En hiver, pour survivre, chaque aigle doit ingérer quotidiennement le dixième de son poids.

Nous retrouvons notre gentille guide qui insiste pour se faire accompagner de son inséparable chien. «Vous savez, nous dit-elle, il est très habile à renifler la présence des ours.» Eux aussi sont attirés par le luxueux banquet que donne la rivière. Pour mieux épier les oiseaux, nous suivons un étroit sentier parmi les arbres géants et vermoulus qui ploient sous le frimas, la neige et les lichens.

L'ARRIVÉE DES BLANCS

Des dizaines d'aigles venus de partout sont au rendez-vous. D'un geste lent, notre guide désigne le sommet d'un arbre majestueux et nous recommande la plus grande discrétion :

les *Bald Eagles* redoutent les Blancs, par qui ils ont beaucoup souffert. Ils sont à peine quelques dizaines de milliers à survivre péniblement, alors que leurs ancêtres, ces fiers conquérants ailés de l'Amérique, atteignaient le demi-million. Leurs terres sauvages ont été saccagées, confisquées et transformées en jolies cités ou en banlieues-dortoirs. Ils sont d'abord tombés sous les balles de chasseurs déchaînés, puis, plus tard, des insecticides empoisonnés ont achevé de détruire la coquille de leurs œufs.

De loin, je les contemple. Quelques-uns se tiennent bien droit, leur imposante tête blanche relevée. Les plus costauds se délectent des cadavres de saumons échoués sur les rives.

ET MAINTENANT

« Ils sont de moins en moins nombreux à se présenter d'une année à l'autre », nous répète notre guide. Maintenant, les rives appartiennent aux vacanciers et à leurs envahissantes constructions ; les rivières sont de plus en plus fréquentées par des sportifs, rafteurs et autres. Le dieu des Amérindiens, le symbole aviaire de la nation la plus puissante de l'heure, n'a plus sa place et, dans l'indifférence générale, il amorce son plus dangereux périple, celui de la modernité. Pour le bien des générations futures, souhaitons que ce ne soit pas son dernier...

Caractéristiques

Pygargue à tête blanche : *Haliaeetus leucocephalus* • *Bald Eagle.* Corps brun foncé ; tête et queue blanches ; fort bec jaune. Femelle plus grosse que le mâle. **Distribution :** Canada et États-Unis. *Page 147 (à gauche)* : nid.

Rivière Squamish, en Colombie-Britannique. *Page 144.*

il accourt de la côte ouest américaine
pour s'offrir un festin de saumons.

Le quetzal resplendissant

UN LONG VOYAGE À TRAVERS LE TEMPS

Lorsqu'en plein cœur d'une forêt pluviale on épie un quetzal pour le photographier et mieux cerner son comportement, on se sent infailliblement ramené au milieu de siècles à jamais révolus. Le passé de l'oiseau sacré des Mayas et des Aztèques évoque un très long voyage parsemé de nombreux rebondissements. Ce volatile mythique baptisé du nom d'un dieu mexicain est devenu l'emblème national du Guatemala et a exercé une influence considérable sur les peuples de l'Amérique centrale. En fait, peu d'oiseaux à travers le monde ont eu une influence aussi forte et aussi longue que lui.

Paré de couleurs chatoyantes et de longues plumes caudales pouvant atteindre les 75 centimètres, le mâle mérite amplement son surnom de « serpent à plumes ». Son magnifique plumage aux reflets bleu-vert a longtemps servi à rehausser le prestige des grands chefs et à attester de la bravoure des guerriers les plus farouches. Cependant, s'il a contribué à sa renommée de demi-dieu, la convoitise qu'il suscitait a aussi engendré de terribles persécutions qui, à certaines époques, ont sérieusement menacé la survie de l'espèce.

UN TITRE HONORIFIQUE

Parmi les innombrables légendes qui entourent le vedettariat du quetzal, il y en a une qui nous renseigne sur la manière dont sa poitrine s'est ornée de flamboyantes plumes rouges. On raconte qu'un jour l'oiseau obtint l'insigne privilège d'assister à un combat singulier où un conquistador terrassa l'Indien qui avait osé l'affronter. S'étant posé sur le cœur du vaincu, il vit les plumes de sa propre poitrine devenir rouge sang. Le contraste créé par le vert doré du reste de son plumage accrut encore son caractère sacré. Et que dire de cette crête iridescente qui fait la gloire des Guatémaltèques honorés par la nation du titre de membres de l'Ordre du Quetzal ?

Après des kilomètres et des kilomètres de déplacements pas nécessairement de tout repos, nous allons finalement contempler l'oiseau au Costa Rica. Toutefois, c'est à l'orée d'une magnifique plantation de café panaméenne que nous l'observerons plus longuement. Superbe comme beaucoup de ces plantations à flanc de montagne, elle comportait en plus un gite extrêmement confortable. Les petits caféiers vert tendre en forme de demi-boules bien régulières avaient épargné une grande partie de la forêt où le quetzal pouvait trouver la tranquillité essentielle à sa reproduction.

AUX AURORES, COMME DIRAIT L'AUTRE

Bien avant l'aurore, nous étions aux aguets. L'approche des quetzals a été discrète et précédée de quelques notes de leur chant mélodieux. Après un suspense d'une éternité, les dieux se sont finalement approchés en imitant des silhouettes ondulantes, au sommet d'un arbre géant garni des fruits dont ils raffolent. Plusieurs mâles semblaient s'être donné rendez-vous, mais en réalité chacun devait respecter une hiérarchie qui ne faisait manifestement pas l'unanimité, car les poursuites étaient nombreuses. Quelques femelles à la physionomie plus modeste feignaient une indifférence intéressée. Les verts étaient plus sombres, la crête bronzée et la poitrine vert métallique contrastaient magnifiquement avec le ventre rouge.

Au milieu des plus hautes branches, quelques couples entamaient leur curieux vol nuptial ponctué de simulacres d'attaques et d'échanges vocaux ressemblant plus à des menaces qu'à des roucoulements tendres. Les mâles aux queues les plus impressionnantes faisaient valoir leurs privilèges de dominants. La plupart du temps, le plus imposant des demi-dieux finissait par convaincre une femelle de le suivre au plus profond de la sombre forêt.

Pour installer leur refuge, les quetzals préfèrent les cavités creusées dans les arbres par des espèces au bec plus vigoureux. Ils tapissent l'endroit de quelques débris ou feuilles adoucissantes. À peine installé, le couple se relaie pour couver les deux ou trois œufs bleu pâle dont sortiront des descendants promis à un destin hors de l'ordinaire. Après avoir été alimentés d'insectes pendant une semaine, les oisillons à la peau dénudée et rougeâtre revêtiront un délicat plumage blanc-gris. Deux semaines plus tard, ils connaîtront les délices des fruits qui figureront à leur menu durant toute leur vie adulte.

Une fois métamorphosés et devenus aussi éblouissants que leurs parents, ils pourront à leur tour se présenter à l'orée de cette forêt qu'une plantation de café a judicieusement épargnée. Pour notre plus grand bonheur, la coquette auberge qui y a été construite nous a permis d'observer très tôt le matin les élégants manèges d'une petite troupe de quetzals. Une vision qui nous fait encore et toujours rêver aux temps lointains où leurs ancêtres étaient des demi-dieux...

Caractéristiques

QUETZAL RESPLENDISSANT : *Pharomachrus mocinno* • *Resplendent Quetzal.* Dessus vert iridescent, dessous rouge brillant ; ailes noires ; caudales plus longues que le corps de l'oiseau ; tête ornée d'une crête ébouriffée. **DISTRIBUTION :** sud du Mexique et Amérique centrale. *Page 153 (en haut) : femelle.*

Plantation de café au Panama. *Page 150.*

« Marouette » est un nom bien curieux pour un oiseau très secret qui, durant la majeure partie de son existence, se déplace en marchant furtivement dans les marais les plus isolés. En fait, son nom est la version francisée du mot *maruetto,* qui signifie « marionnette ». Emprunté à l'occitan, une pittoresque langue romane du sud de la France et du nord de l'Italie, le mot se perd dans le dédale de la tradition orale, mais il pourrait aussi découler de l'étonnante manie qu'a l'oiseau de vocaliser bruyamment de jour comme de nuit. La marouette a effectivement la voix théâtrale d'un ventriloque capable de nous faire croire qu'il se trouve à des dizaines de mètres alors qu'il se dissimule pratiquement à nos pieds.

UN TRÈS PUISSANT ET ÉTONNANT MIGRATEUR

De couleur sombre et de la grosseur d'une poule délicate au corps effilé, la marouette est capable de se faufiler entre les joncs sans qu'on entende le moindre bruissement, car elle préfère de loin s'enfuir à pied lorsqu'elle est dérangée. Bien sûr, en cas d'urgence ou sous le coup d'une forte contrariété, la petite maligne s'envole et, en comédienne talentueuse, feint alors un vol pénible et laborieux.

Toutefois, en période de migration, elle se métamorphose radicalement. Elle qui est d'ordinaire si timide et rampante devient une puissante et infatigable voyageuse. Des volées de marouettes, encore fort prisées des chasseurs il n'y a pas si longtemps, peuvent parcourir des distances étonnantes. Pour fuir l'hiver, ces oiseaux qui nichent depuis l'Alaska jusqu'au centre des États-Unis se déplacent vers les États du Sud pour y trouver le riz sauvage dont ils raffolent. D'autres se rendent jusqu'au Pérou en passant par l'Amérique centrale. Certains plus téméraires entreprennent même de traverser l'Atlantique pour rejoindre leurs cousins européens. Car les ancêtres du petit échassier ont beaucoup voyagé. Leurs descendants, aux diverses appellations plus ou moins contrôlées, se retrouvent maintenant sur tous les continents.

piaillements des jeunots. La trop nombreuse marmaille, dont l'âge peut varier de 1 à 15 jours, y trouve un second refuge. Initialement alimentés de graines, de petits invertébrés et d'insectes aquatiques, les oisillons ont tôt fait de devenir des ados qui quittent inopinément leurs parents sans en avoir vraiment obtenu la permission.

DES GROGNEMENTS BIEN INQUIÉTANTS

Quand ils se lanceront à la découverte de leur domaine marécageux, les jeunes seront sans doute intrigués par de bien curieux et inquiétants grognements. Une famille de râles de Virginie aura possiblement élu domicile dans un quartier voisin et ses membres se seront mis à bougonner. Les relations entre les marouettes de Caroline et les râles de Virginie seront cordiales, à condition que chacun des clans respecte une frontière virtuelle, certes, mais tout à fait essentielle.

CONFONDRE LES EXPERTS ET BIEN D'AUTRES

Les marouettes sont si nombreuses qu'elles trompent bien souvent même les plus grands experts, tant elles se ressemblent dans ces marécages où pullulent les insectes dont elles gavent leurs nouveau-nés. Maman marouette donne naissance à 10 ou 12 oisillons dans la corbeille végétale qu'elle construit et suspend à bonne distance au-dessus d'un marais d'eau douce ou saumâtre afin d'éviter la noyade, advenant des pluies diluviennes. Au logis principal solidement arrimé à l'aide de matériaux qu'il a lui-même sélectionnés, le paternel ajoute une annexe qu'il se charge personnellement de bâtir dès les premiers

Les râles de Virginie construisent leur nid selon la même architecture que les marouettes et ils y accèdent également par une rampe discrète. Minutieusement camouflé dans une zone où l'eau est moins profonde, leur logis est extrêmement difficile à repérer même pour des amateurs attentifs. Bien que les râles de Virginie soient moins férus de longs déplacements que leurs proches parentes les marouettes de Caroline, ils aiment bien, à l'approche de l'hiver, retrouver les températures plus clémentes du Sud. On peut dès lors les croiser dans les Antilles, en Amérique centrale et jusqu'en Équateur.

FAVORISÉ PAR L'ÉCOLOGIE

Pour ma part, je les retrouverai en Floride, dans un endroit très bien aménagé par des autorités conscientes de l'importance de traiter les eaux usées de façon écologique. Des marais artificiels sillonnés de sentiers pédestres permettent à d'innombrables plantes d'assainir les rejets urbains, en plus de fournir aux visiteurs l'occasion de prendre conscience de la richesse de la faune locale et du rôle vital que joue la végétation dans la régénération des eaux polluées. Au détour d'une plantation de quenouilles, comme il est agréable d'apercevoir une petite famille de citadins se féliciter d'avoir reconnu le furtif râle de Virginie ou sa cousine la marouette de Caroline ! Puissions-nous profiter de la prochaine visite de ces grands voyageurs pour leur offrir un refuge aussi utile que captivant !

Caractéristiques

marouette de caroline : *Porzana carolina* • *Sora.* Petit râle trapu ; dessus brun olive marqué de raies noires, dessous gris, ventre rayé de noir ; bec court jaune, gorge et face noires. **distribution :** sud du Canada, États-Unis, Antilles, Colombie et Pérou. *Pages 154 et 158.*

râle de virginie : *Rallus limicola* • *Virginia Rail.* Bec long et effilé, joues grises ; poitrine rousse et ventre largement rayé de noir. **distribution :** sud du Canada, États-Unis ; hiverne en Colombie, en Équateur et au Pérou. *Pages 156 et 157.*

En Floride, purification naturelle des eaux usées. *Page 155.*

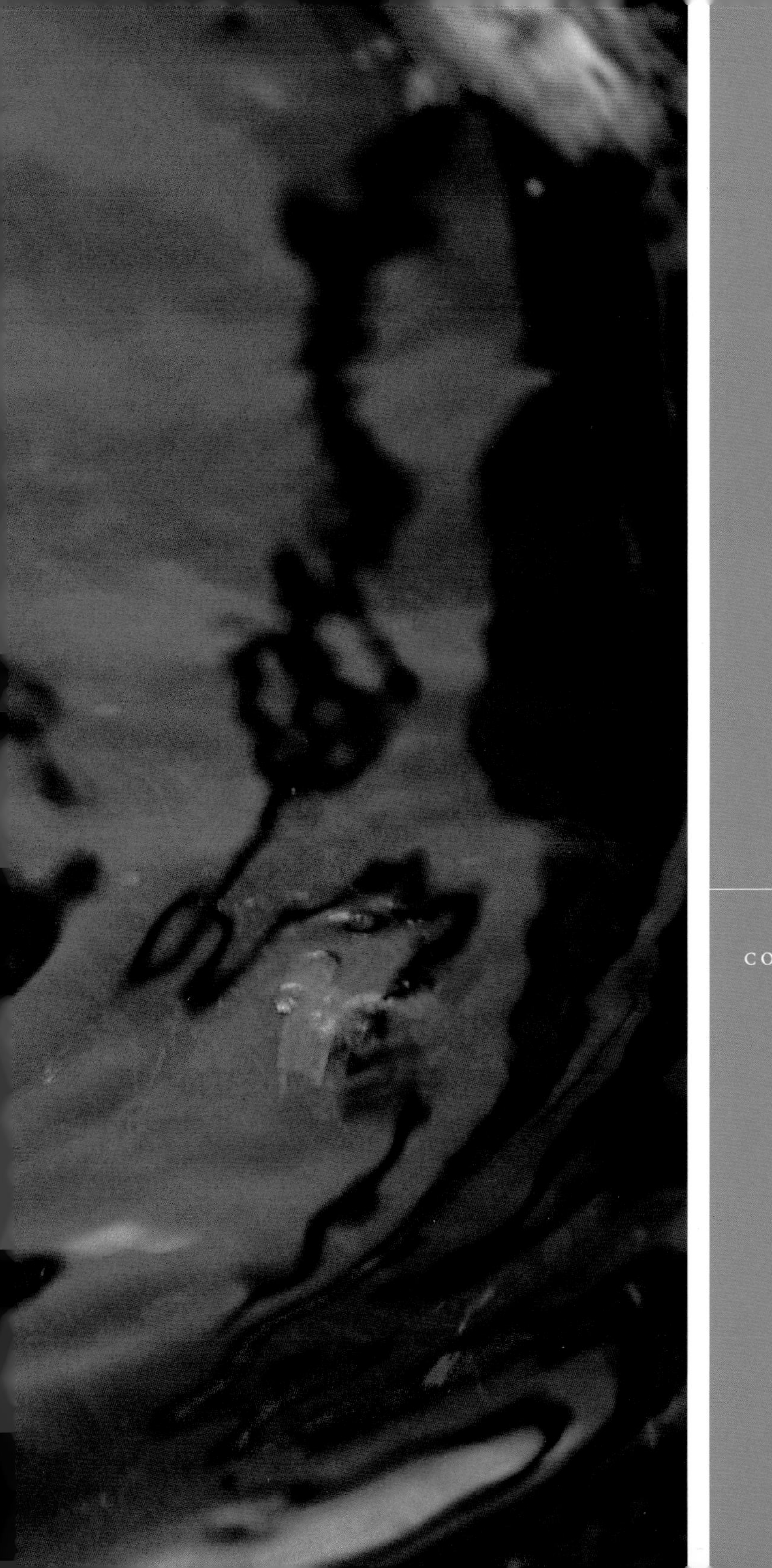

en floride, grâce à des autorités conscientes de l'importance de l'écologie, une marouette de caroline s'ébat.

Le souimanga

LE COLIBRI DE L'AMÉRIQUE DEVIENT LE SOUIMANGA PARTOUT AILLEURS

On s'étonne toujours de l'interdépendance qui existe entre les divers maillons de la vie, chacun dépendant souvent du voisin pour sa propre survie. Ainsi en est-il de l'échange entre certaines fleurs et quelques oiseaux très spécialisés. Pour assurer leur propre subsistance et celle de leurs petits, ces oiseaux cueillent le nectar des corolles qui, en retour, chargent leurs plumes de pollen. Les messagers ailés portent le précieux don de vie vers une corolle femelle et, ce faisant, la fertilisent. Cette relation étroite et indispensable à chacun des protagonistes s'appelle « mutualisme ».

En Amérique, ce sont principalement les colibris, des petits oiseaux exclusivement américains, qui se chargent de cette délicate intervention, mais, ailleurs dans le monde, ce sont généralement les souimangas. Plus de 110 espèces de ces grands explorateurs se sont répandues de l'Afrique jusqu'au nord-est de l'Australie.

BEC INCURVÉ ET LANGUE FOURCHUE

La physionomie, mais surtout le comportement aérien du souimanga diffèrent de ceux du colibri. Le bec incurvé et doté de fines dentelures le long des mandibules est aidé dans son opération de cueillette du nectar par une langue tubulaire dont l'extrémité est fourchue. La plupart des mâles arborent de brillants bleus ou verts sur le dos ainsi que des rouges ou des jaunes au-dessous. Beaucoup ajoutent de longues pennes à leur queue et des touffes de plumes colorées sur les côtés de la poitrine. Moins portés vers la vie de groupe, ils accaparent *manu militari* un territoire fleuri pour ensuite l'interdire avec acharnement à leurs semblables.

Incapables d'effectuer des vols à reculons ou de se maintenir longtemps en vol stationnaire comme le font les *Hummingbirds,* les *Sunbirds* ont élaboré des stratégies originales. Amateurs d'insectes, ils en dévorent de grandes quantités avant de s'offrir, en guise de dessert, les délicates sucreries des corolles fleuries. En battant rapidement des ailes, ils réussissent à maintenir leur long bec assez longtemps à l'intérieur de la fleur pour dérober quelques lampées. Le plus souvent, toutefois, ils se posent sur une branchette, allongent la langue et aspirent le nectar. Si la manœuvre échoue, de leur bec pointu ils transpercent le

côté des pétales ou le dessous du bouton de la fleur et se servent directement. Ce sont les pétales rouges et orangés qui ont la cote chez ces connaisseurs.

DE GRANDS VOYAGEURS D'ORIGINE AFRICAINE

Le plus souvent, le souimanga est seul ou en couple, mais il lui arrive de se présenter en bandes regroupant une même espèce ou plusieurs familles distinctes. Le phénomène étant rare, le photographe doit savoir en profiter.

De tempérament plutôt sédentaire, il n'hésite pas à migrer si ses mets favoris, y compris les petits fruits, deviennent plus rares. Mais il privilégie habituellement les zones tropicales, là où les fleurs ne connaissent pas de véritable saison morte. Maintenant plus rares, les grandes migrations de souimangas datent des époques où, privés de leurs desserts favoris, leurs ancêtres se sont dirigés vers de nouvelles contrées plus fleuries. Parfaitement adaptés, ces jolis volatiles se retrouvent aussi bien au sein de forêts denses et de savanes qu'à proximité des déserts qui, eux aussi, se paient de magnifiques intermèdes fleuris. Ils adorent les zones agricoles et savent tirer profit des régions montagneuses. Les souimangas demeurent cependant très majoritairement fidèles à l'Afrique, dont ils seraient originaires.

Le moment venu, la femelle, seule ou avec le mâle, selon les régions, assume la nidification et la couvaison. Les deux parents se partagent ensuite les tâches inhérentes à l'éducation générale des petits. Comme nous avons eu la chance de le constater, les mœurs varient selon qu'il s'agit des souimangas malachites, des souimangas à ventre jaune, des souimangas à poitrine rouge ou de bien d'autres, parmi les 110 espèces dispersées sur les divers continents.

DES AMATEURS DE NECTAR RESPONSABLES DE LA BIODIVERSITÉ

Qu'ils appartiennent à l'une ou à l'autre des espèces, les souimangas sont tous friands du nectar que les fleurs concoctent à leur intention, comme si elles espéraient qu'en retour, les plumes chargées de pollen, les oiseaux aillent porter leur message d'amour à une fleur du sexe opposé. Ainsi se poursuit entre l'oiseau et la fleur un mutualisme rempli de poésie, certes, mais qui assure le maintien de l'extraordinaire biodiversité propre à notre planète. Une espèce vient-elle à faire défaut ? Voilà que le fragile équilibre est rompu. Infailliblement, cette rupture se répercutera tôt ou tard sur nos propres vies. Mais en sommes-nous conscients ?

Caractéristiques

SOUIMANGA MALACHITE : *Nectarinia famosa* • *Malachite Sunbird.* Oiseau vert métallique ; queue et ailes d'un vert plus foncé aux reflets bleutés ; longues caudales ; lores noirs ; long bec recourbé vers le bas. **DISTRIBUTION :** Afrique du Sud, Éthiopie, Zimbabwe. *Pages 162 (à droite) et 165.*

SOUIMANGA À POITRINE ROUGE : *Nectarinia senegalensis* • *Scarlet-chested Sunbird.* Oiseau noir ; poitrine d'un rouge éclatant ; gorge iridescente verte ; couronne verte iridescente ; long bec effilé et courbé vers le bas. **DISTRIBUTION :** du Sénégal à l'Afrique du Sud. *Pages 162 (à gauche) et 163.*

SOUIMANGA À VENTRE JAUNE : *Nectarinia venusta* • *Variable Sunbird.* Petit souimanga vert irisé ; ventre jaune ; gorge aux reflets irisés violacés ; bec mince recourbé vers le bas. **DISTRIBUTION :** Afrique, du Sénégal à l'Afrique du Sud. *Page 160.*

Réserve en Afrique du Sud. *Page 161.*

en guise de dessert, il s'offre les délicates sucreries des corolles fleuries.

La sterne inca

SA SURVIE DÉPEND DES COURANTS MARINS QUI VOYAGENT ET S'AFFRONTENT

Inca : le simple fait de prononcer ce mot fait surgir une foule d'images dans notre tête. La grande civilisation qu'il désigne a malheureusement disparu au moment où elle est entrée en contact avec une autre, mais elle a laissé de nombreuses et précieuses traces. Des lieux mythiques, dont le célèbre site du Machu Picchu, au Pérou, permettent aux pierres de nous raconter un peu la vie et la richesse d'une prestigieuse époque à jamais perdue. Des noms, dans de nombreux domaines, évoquent encore de nos jours le fabuleux héritage d'un peuple particulièrement attentif à la nature dont il tentait de saisir les secrets et de percer les mystères.

UNE LUTTE INFERNALE ENTRE LE CHAUD ET LE FROID

Ainsi en est-il de la sterne inca, dont la physionomie est si différente de celle des autres sternes qu'elle a bien failli ne jamais être reconnue comme un membre de la célèbre famille. La survie de cet oiseau considéré comme rare et menacé est intimement liée à un grand courant froid qui, venu de l'Antarctique, longe les côtes du Chili pour se perdre près de l'Équateur. En effet, tout au long de son parcours, le courant de Humboldt favorise une croissance et une biodiversité de la vie marine exceptionnelles, mais son effet salutaire est sans cesse menacé par un autre courant plus connu venant du Nord : El Niño. Le chaud El Niño parvient-il à dominer son opposant ? Aussitôt, les richesses nutritives de cette fragile région déclinent. Aussitôt, faute d'approvisionnement alimentaire, la sterne inca voit sa survie menacée. Cette résidente permanente de la région s'est tellement attachée à son coin de mer qu'elle ignore les règles migratoires qui assurent la survie de bien d'autres réfugiés. La moindre défaillance du courant froid est immédiatement suivie du déclin dramatique de la fragile espèce. Heureusement, le retour de Humboldt renverse immédiatement la vapeur d'El Niño.

LA RECHERCHE DE LA STERNE INCA

Nous sommes partis à la rencontre des pêcheurs de l'un des nombreux petits ports de la côte péruvienne. Le temps était maussade et, pour compliquer un peu plus ma vie de photographe, des vagues plus que respectables secouaient violemment la petite barque. Les rochers d'un noir volcanique semblaient empressés d'accroître leur impressionnante collection d'épaves, mais, par chance, notre « capitaine » avait du métier. Au tournant d'un récif, nous avons aperçu quelques dizaines de sternes incas qui, juchées sur leurs corniches sombres et inhospitalières, affrontaient les embruns.

UNE STERNE DIFFÉRENTE ET MAGNIFIQUE

De par son apparence, ses habitudes et ses mœurs, l'*Inca Tern* est tellement différente des autres membres de la famille des *Sternidae* qu'en réalité elle fait figure de représentante assez unique et distincte. Son corps, comme celui de ses proches parents, est mince, allongé et recouvert de plumes satinées aux accents ardoisés. De chaque côté de la tête, des bandes blanches distinctives prennent leur origine à la base du bec, se prolongent de chaque côté du cou et s'incurvent vers le bas et l'avant de l'épaule. Les ailes sont plutôt étroites, la queue demeure fourchue, les pattes d'un beau rouge foncé sont courtes et le bec rouge, assez long et lourd, est souligné de jolis barbillons jaunes. En résumé, elle a un look d'enfer qui semble griffé par un des meilleurs créateurs de haute couture.

Contrairement à ses congénères, qui élèvent leur famille à découvert, la *Larosterna*

Caractéristiques

sterne inca : *Larosterna inca* • *Inca Tern.* Unique parmi les sternes ; corps ardoisé ; queue noire ; frange blanche autour des ailes ; pattes rouges ; tête ardoise foncé, grand bec élancé rouge vif agrémenté de jolis barbillons blancs. **distribution** : espèce rare ; côte est de l'Amérique du Sud, le long du courant de Humboldt, du Pérou jusqu'au sud du Chili.

inca préfère la discrétion et la sécurité relative des profondes crevasses ou des petites cavernes sur des îles ou des rochers retirés, mais elle ne dédaigne pas les refuges que lui offrent les populations inquiétées par la fragilité de l'espèce. Un seul œuf ou parfois deux œufs deviendront la richesse du couple et l'espoir de survie de l'espèce. L'oisillon qui en sortira sera gavé d'anchois, de crustacés et des restes infailliblement rejetés à la mer par les navires de pêche.

Les pêcheurs détestent El Niño, qui les appauvrit, et ils supplient le ciel de ramener au plus vite le fécond Humboldt, essentiel à la sterne inca. Pour eux, cet oiseau fait partie de leur précieux héritage. Ils savent que la survie de cette sterne si belle et si unique est continuellement soumise aux assauts de courants ennemis venus de loin. Peut-être nos débats sur l'environnement devraient-ils lui accorder un peu plus d'attention...

L'alouette hausse-col

DES ANCÊTRES QUI ONT PARCOURU LE VASTE MONDE

Il suffit de prononcer le mot « alouette » pour qu'on ait aussitôt envie de fredonner la chanson qui s'adresse à la gentille alouette... et menace très peu aimablement de la plumer. Incidemment, cet air traditionnel fascine autant que l'oiseau lui-même. Il n'y a donc rien de surprenant au fait que les guides que j'ai croisés sur l'un ou l'autre des continents ont toujours insisté pour me présenter les *Larks* de leur pays. Mais qu'ont-elles de si particulier, ces alouettes, pour susciter tant d'intérêt ?

Leurs ancêtres, de véritables aventurières qui ont parcouru le vaste monde, ont engendré à travers la planète plus de 80 espèces distinctes. Dépossédées de leur habitat naturel, plusieurs d'entre elles sont maintenant menacées d'extinction. Beaucoup se font si rares qu'elles attirent de plus en plus l'attention des scientifiques.

L'alouette que l'on connaît en Amérique du Nord est un petit oiseau timide de la grosseur du merlebleu de l'Est. Cette unique représentante indigène de la grande famille des alaudidés occupe l'ensemble de l'Amérique du Nord, ses congénères se baladant de l'Alaska jusqu'au Mexique. Mais connaît-on vraiment notre discrète alouette, aussi familièrement appelée « alouette hausse-col » ou « alouette cornue » ?

ELLE PRÉFÈRE LA MARCHE AU VOL

L'alouette se distingue au sein de la faune ailée par des comportements singuliers. Avec un peu de chance, tôt au printemps, on peut remarquer au-dessus des champs encore enneigés son vol légèrement onduleux et en rase-mottes. Le plus souvent, on en voit des bandes joyeuses qui se posent dans les prairies où quelques plantes émergeant à peine de la neige leur permettent de refaire leurs forces.

Il faut toutefois préciser que toutes les espèces d'alouettes préfèrent de loin la marche aux envolées, ce qui à la longue leur a forgé une anatomie de randonneuses. La patte est courte, et, surtout en position postérieure, les doigts sont si allongés qu'ils semblent démesurés. Quand son habitat repose sur un sol plutôt mou, elle n'hésite pas à s'adapter en allongeant un peu plus sa portance.

Discrète, l'alouette accorde les teintes de ses plumes dorsales à celles du sol. Le nid-cuvette construit exclusivement par la femelle devient un refuge champêtre difficile à repérer même pour l'observateur averti. La légère dépression recouverte d'herbes sèches, de duvet et de petites tiges est habituellement camouflée sous de petits arbustes. Si un intrus se fait menaçant, la surveillante des lieux demeure immobile et n'abandonne son poste qu'à la dernière minute en déguerpissant au pas de course plutôt qu'au vol. Elle ne réserve l'envol qu'aux incidents particulièrement menaçants pour la survie de la couvée. Pour rentrer au bercail, maman alouette prendra mille précautions, faisant de nombreux détours et se livrant à maintes hésitations propres à exaspérer le plus patient des photographes.

UN AMOUREUX TÉMÉRAIRE ET INQUIÉTANT

C'est cependant toujours au temps des amours que l'alouette adopte son comportement le plus spectaculaire. Délaissant ses habitudes de joggeur, le mâle profite alors des courants d'air ascendants pour s'élever en spirale et se transformer en un minuscule point à plus de 300 mètres d'altitude, où il virevolte durant d'interminables minutes. Tente-t-il d'inquiéter une belle indifférente en simulant la fuite pour lui faire regretter l'occasion perdue ? Est-il assailli du doute que certains éprouvent à l'instant de l'engagement ? Recherche-t-il un ailleurs plus prometteur ? Depuis le firmament, on perçoit les vocalises de l'acrobate qui, semblant satisfait de sa prestation, se laisse tomber en vrille sans crier gare, tête première et les ailes refermées comme un avion qui va

s'écraser. À quelques reprises, il se redresse et bat des ailes avant de reprendre sa chute qui semble alors fatale. Au dernier moment, il ouvre enfin les ailes et, comme un parachutiste, atterrit en douceur. L'effet est immédiat : sa douce se rapproche pour le féliciter et sceller leur union pour une nouvelle année.

ALOUETTE, GENTILLE ALOUETTE...

Le plumage nuptial du mâle et de la femelle est identique, avec des motifs noirs et jaunes sur la face. En temps ordinaire, l'un et l'autre sont reconnaissables à leurs marques faciales, à leur plastron noir et à leurs petites aigrettes érectiles sur la tête. Il arrive parfois que des couples d'alouettes hausse-col vivent un peu comme on vit dans une commune. Dans ce cas, si la mort emporte les parents, il n'est pas rare que les voisins adoptent les petits orphelins. Dès lors retentissent les cris et les gazouillis qui ont procuré la célébrité à plusieurs de leurs semblables.

Lorsque les premiers explorateurs revenaient d'expédition dans leurs canots surchargés de fourrures, la chanson qui interpelle la gentille alouette rythmait la cadence de leurs coups de pagaies et fouettait leur ardeur. Peut-être pourrions-nous retrouver un peu de leur énergie, de leur endurance et de leur émerveillement si nous accordions à l'alouette un peu plus d'attention... « Alouette, gentille alouette... »

Caractéristiques

ALOUETTE HAUSSE-COL : *Eremophila alpestris* • *Horned Lark.* Dessus du corps brun rayé, dessous blanc ; petites aigrettes noires rarement visibles ; plastron et rayure sous l'œil noirs ; bec noir effilé. **DISTRIBUTION :** Canada, États-Unis, Mexique, Eurasie et Afrique du Nord.

Paysage hivernal dans le Nord québécois. *Page 171.*